# Die
# optischen Instrumente

Brille, Lupe, Mikroskop, Fernrohr
Aufnahmelinse und ihnen verwandte
Vorkehrungen

Von

## Dr. Moritz von Rohr

wissenschaftlichem Mitarbeiter an der optischen Werkstätte von
Carl Zeiß, Jena und a. o. Professor an der Jenaer Universität

Vierte
vermehrte und verbesserte Auflage

16. und 17. Tausend

Mit 91 Abbildungen

Berlin
Verlag von Julius Springer
1930

ISBN-13:978-3-642-90310-6     e-ISBN-13:978-3-642-92167-4
DOI: 10.1007/978-3-642-92167-4

# Vorwort zur vierten Auflage.

In der ersten Auflage dieses Büchleins war 1905 die Lehre
E. Abbes von der Strahlenbegrenzung, erweitert durch die Berücksichtigung der Augendrehung, in den Mittelpunkt der Betrachtung gestellt worden. In der zweiten Auflage wurde 1910
in Anlehnung an A. Gullstrand die Bedeutung von Entwurfs-
vorgängen für die optischen Darstellungen stärker betont, während
in der dritten vom Ende 1917 die Änderung der Haupteinteilung
in verdeutlichende und wiederholende Geräte durchgeführt wurde.
— Immer aber und auch jetzt blieb es bei der Behandlung von
Linsengeräten, die die Beobachtung äußerer Gegenstände erleichtern oder ermöglichen; ihnen stehen, worauf wohl H. Boegehold zuerst hingewiesen hat, die hier beiseite gelassenen Vorkehrungen gegenüber, die die Strahlung als solche behandeln.

Die neue Auflage bringt nun auch eine ganze Reihe von Er-
weiterungen und Zusätzen, legt aber besondern Nachdruck auf
möglichste Sprachreinheit. Hoffentlich geschieht dadurch den
fremder Sprachen nicht kundigen Lesern ein Dienst.

Für einige Beurteiler der früheren Auflagen scheint mir der
Hinweis angebracht, daß dieses Büchlein eine dem heutigen
Stande von Wissenschaft und Technik entsprechende Darstellung
für verständnisvolle *Benutzer* sein soll; für die *Hersteller* der
Linsengeräte ist es nicht in erster Linie bestimmt. Daß vielen
Lesern die Aufnahme der hier zugrunde liegenden Vorstellungen
der Strahlenbegrenzung nicht leicht fällt — mit deswegen, weil
sie in gemeinverständlichen Darstellungen dieses Gebiets nicht
selten unbeachtet oder unbenutzt bleiben — kann niemand mehr
bedauern als der Verfasser.

Wer sich über die wissenschaftlichen Grundlagen im Zusammenhange unterrichten will, sei auch an dieser Stelle auf
A. Berliners Lehrbuch der Physik in elementarer Darstellung
(4. Aufl. 1928) verwiesen, wo sich von S. 480 ab eine Einführung
in die Lehre vom Licht findet.

Jena, im Oktober 1930.

Moritz von Rohr.

# Inhaltsübersicht.

# I. Die Einführung der Grundbegriffe.

Für die Behandlung der optischen Instrumente reichen hier die vereinfachenden Annahmen der *Strahlenoptik* aus, d. h. es wird angenommen, daß von einem leuchtenden Punkte geradlinige, *voneinander unabhängige* Strahlen als Träger des Lichts ausgehen, die bei der Spiegelung und der Brechung den bekannten Gesetzen gehorchen. — Nun wäre es zwar auch bei dem Fernrohr und der Aufnahmelinse erwünscht, auf die Eigenart des Lichts als einer Wellenbewegung einzugehen, doch verbietet das der Raum; dagegen läßt sich eine derartige Behandlung beim Mikroskop — s. S. 45 — mindestens in aller Kürze geben.

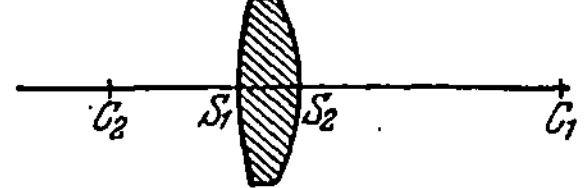

Abb. 1. Achsenschnitt durch eine Linse in Luft. $C_1$, $C_2$ sind die Krümmungsmittelpunkte der Flächen $S_1$, $S_2$.

**a) Die Lagen- und Größenbeziehungen von Ding und Bild.** Das Stück eines durchsichtigen Mittels zwischen zwei zunächst kugligen Grenzflächen heißt *Linse* (Abb. 1).

Die Verbindungslinie der beiden Kugelmitten heißt die *Achse* der Linse. Sind zwei oder mehrere Linsen hintereinander angeordnet, so nennt man sie zusammenfassend eine *Linsenfolge* (ein Gelinse), und fallen ihre Achsen alle in dieselbe Gerade, so heißt die Folge *ausgerichtet* und die gemeinsame Achse die *Achse* schlechthin. Man unterscheidet allgemein *sammelnde* und *zerstreuende* Linsen (Abb. 2) und Linsenfolgen.

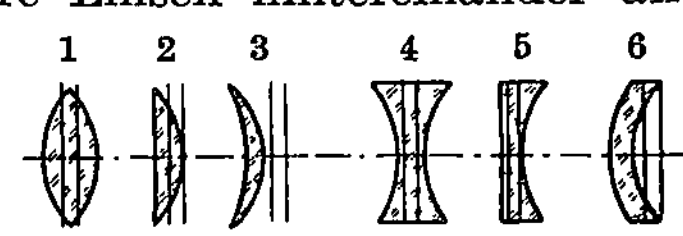

Abb. 2 aus S. 526 des BERLINERschen Lehrbuches.

Sammellinsen    Zerstreuungslinsen
1 bikonvex    4 bikonkav
2 plankonvex    5 plankonkav
3 sammelnder    6 zerstreuender
Meniscus (Möndchen).

Die Sammellinsen sind in der Mitte dicker, die Zerstreuungslinsen sind in der Mitte dünner als am Rand.

Die achsensenkrechten Geradenpaare an jeder Linse können erst unter Abb. 3 erklärt werden.

Unter Beschränkung auf den der Achse *benachbarten* (sie fadenförmig umgebenden) Raum oder auf unendlich kleine Gegenstände und unendlich kleine Linsenöffnungen hat K. Fr. Gauss schon 1840 eine allgemeine Behandlung ausgerichteter Linsenfolgen angegeben, nach der man Lage und Größe des Bildes berechnen kann, wenn der Gegenstand und gewisse einfache Bestimmungsstücke der Linsenfolge gegeben sind. Unter den angegebenen Beschränkungen kann man nämlich von der Vereinigung aller von einem Dingpunkt ausgehenden Strahlen in einem *Bildpunkte* sprechen, und jedem Stück einer achsensenkrechten Dingebene entspricht ein solches einer achsensenkrechten Bildebene. Man sieht leicht ein, daß für diesen fadenförmigen Raum nur die Krümmungen in den Flächenscheiteln in Betracht kommen, so daß sich die Gaussische Lehre auch ohne weiteres auf ausgerichtete Linsenfolgen anwenden läßt, die von beliebigen, stetig verlaufenden *Umdrehungsflächen* begrenzt sind.

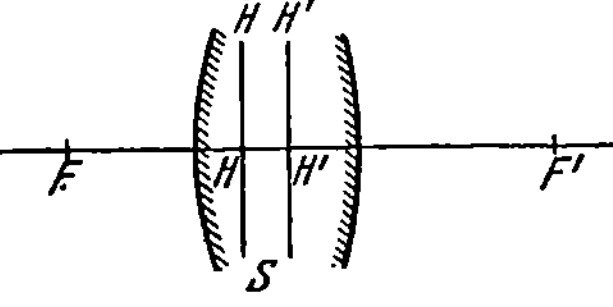

Abb. 3. Achsenschnitt durch eine sammelnde Einzellinse $S$ (als Beispiel einer allgemeinen ausgerichteten Flächenfolge) mit den Brennpunkten $F$, $F'$, den Hauptpunkten $H$, $H'$ und den Spuren der in ihnen achsensenkrechten Hauptebenen $H\overline{H}$, $H'\overline{H'}$.

In Abb. 2 sind die Spuren der Hauptebenen für eine jede der 6 Formen von Einzellinsen in Luft angedeutet.

Kommt man nun auf die oben berührten Bestimmungsstücke zu sprechen, so läßt sich die Wirkung der ausgerichteten Linsenfolge $S$ angeben durch vier auf der Achse liegende *Grundpunkte*, nämlich den dingseitigen Brennpunkt $F$ und den bildseitigen $F'$, sowie den dingseitigen Hauptpunkt $H$ und den bildseitigen $H'$ (Abb. 3). Die Strecken $HF$, $H'F'$ heißen die *Brennweiten*; sie haben stets *entgegengesetztes* Zeichen und sind *gleich* lang $FH = H'F'$, wenn sich die Linsenfolge in *demselben* Mittel (etwa Luft) befindet, und voneinander *verschieden* $FH \gtrless H'F'$, wenn die Folge auf der Dingseite an ein *anderes* Mittel grenzt als auf der Bildseite. Ihre Längen verhalten sich dann wie die Brechzahlen der zugehörigen Mittel, also $FH : H'F' = n : n'$. (Als Beispiel kann die aus Hornhaut, Kammerwasser und Kristallinse bestehende Flächenfolge des Auges gelten, da sie auf der Dingseite an Luft, auf der Bildseite an den Glaskörper des Auges mit $n' = 1{,}336$ grenzt.) Die Brennpunkte sind dadurch bestimmt, daß *achsenparallele* Strahlenbündel des Ding- (Bild-) Raumes in $F'$ ($F$) vereinigt werden. Die Hauptpunkte $H$ und $H'$ sind dadurch bestimmt, daß die in ihnen errichteten achsensenkrechten Ebenen einander *zugeordnet* (konjugiert) sind, d. h. einander als Ding und Bild entsprechen; und zwar sind hier Ding und Bild *gleich groß* und *gleich gerichtet*, die Vergrößerung also $= +1$, mit der die eine Hauptebene in die andere abgebildet wird. Die (geometrische) Verbindungslinie zweier in den Hauptebenen liegender zugeordneter Punkte $H\overline{H'}$ läuft also der Achse parallel; im folgenden wird sie stets punktiert gezeichnet werden.

Da sich nach dem Vorhergehenden alle vom Dingpunkt $O$ in die Folge gesandten Strahlen im Bildpunkt $O'$ wieder vereinigen, so läßt sich im GAUSSischen Raum das Bild $O'\overline{O}'$ des beliebigen achsensenkrechten Gegenstandes $O\overline{O}$ mit einem auf J. B. LISTING und das Jahr 1851 zurückgehenden, einfachen Zeichenverfahren finden, wenn man aus allen von $O$ ausgehenden Strahlen die beiden auswählt, die die Zeichnung besonders bequem machen (Abb. 4).

Man zieht von $\overline{O}$ aus die achsenparallele Gerade $\overline{OH}$, die man bis an $\overline{H}'$ heran verlängert, dann muß im Bildraum der $\overline{H}'$ enthaltende, zugeordnete Strahl durch $F'$ gehen. Verbindet man aber $\overline{O}$ mit $F$ und verlängert diese Gerade bis $\underline{H}$, so muß diesem Strahle im Bildraum ein achsenparalleler $\underline{H}'\overline{O}'$ entsprechen, der von $\underline{H}'$ ausgeht. Beide Strahlen des Bildraumes $\overline{H}'F'$ und $\underline{H}'\overline{O}'$ bestimmen in ihrem Schnitt den Bildpunkt $\overline{O}'$, von dem eine Senkrechte auf die Achse zu fällen ist, um in $O'\overline{O}'$ das $O\overline{O}$ zugeordnete Bild zu finden, das nach der Zeichnung dem Dinge $O\overline{O}$ streng ähnlich ist.

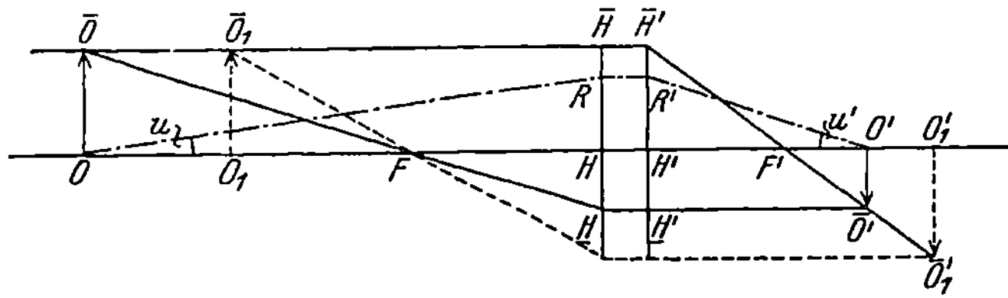

Abb. 4. J. B. LISTINGs Auffindung des zu $O\overline{O}\,(O_1\overline{O}_1)$ gehörigen Bildes $O'\overline{O}'\,(O_1'\overline{O}_1')$ mit Hilfe der Brennpunkte und der Hauptebenen bei einer sammelnden Folge. — Die Rechtläufigkeit des Bildes. — Zwei zugeordnete Öffnungswinkel: $u$ auf der Ding- und $u'$ auf der Bildseite.

Eine genau entsprechende Zeichnung für das gleich große, aber dem Hauptpunkte $H$ näher gerückte, Ding $O_1\overline{O}_1$ führt auf das wiederum ähnliche Bild $O_1'\overline{O}_1'$, das aber eine andere Vergrößerung aufweist als $O'\overline{O}'$. Man erkennt aus der Zeichnung, daß hier der Dingverschiebung $OO_1$ die *gleichgerichtete* Bildverschiebung $O'O_1'$ entspricht, und es mag betont werden, daß es allgemein gültig ist, wenn man sagt, einer Dingbewegung in (oder entgegen) der Lichtrichtung entspreche eine Bildbewegung in (oder entgegen) der bildseitigen Lichtrichtung: optische Bilder sind also *rechtläufig*.

Die beiden mit Hilfe von Abb. 4 aufzustellenden Verhältnisgleichungen für Ding, Bild und ihre je von den zugehörigen Brennpunkten gemessenen Abstände sind

$$OO : O'O' = \quad OF : HF\,; \qquad OO : O'O' = H'F' : O'F',$$
$$= -FO : HF\,; \qquad\qquad = H'F' : -F'O',$$

durch Benutzung selbstverständlicher Abkürzungen folgen

$$y : y' = -x : f\,; \qquad y : y' = f' : -x',$$

und daraus ergibt sich ohne weiteres die NEWTONsche Gleichung

$$ff' = xx'. \tag{1}$$

Läßt man diese beiseite, so folgt für die Vergrößerungszahl[1] $N$

$$-y'/y = f/x = N; \qquad -y'/y = x'/f' = N;$$

$N$ hängt also nicht von der hinteren Brennweite $f'$ allein, sondern von ihrem Verhältnis zu $x'$ ab.

$$x = f/N; \qquad x = f'N;$$

$x$ und $x'$ entsprechen also unmittelbar $f$ und $f'$.

Bezieht man sich auf die Hauptpunkte, so ist nach Abb. 4

$$HO = a = x + f = f(N + 1)/N; \tag{2}$$

$$H'O' = a' = x' + f' = (N + 1)f'. \tag{3}$$

Setzt man nun $f = -f'$, d. h. führt man mittels der Teilung durch das entsprechende Brechungsverhältnis $n$, $n'$ (S. 14) die *Luftlängen* der Brenn- und Bildweiten ein, so ist

$$a = -a'/N; \qquad a/a' = -1/N = y/y',$$

$$-1/a = -A = N/(N + 1)f' = ND/(N + 1); \quad 1/f' = D,$$

$$\underline{1/a' = \quad A' = 1/(N + 1)f' = \quad D/(N + 1).}$$

$$-A + A' = D; \quad a/a' = A'/A = y/y'.$$

Daraus folgen dann die beiden GULLSTRANDschen *Hauptpunkts-gleichungen*

$$A' = A + D \quad (4) \qquad \text{und} \qquad y'A' = yA \quad (5);$$

sie sind für alle auf *Luft* bezogenen Linsenfolgen gültig.

Erweitert man — wieder für Luftlängen — die Gleichung $a/a' = -1/N$ durch $h = HR$, so ergibt sich

$$h/a' : h/a = -1/N$$

oder nach Abb. 4

$$\operatorname{tg} u' : \operatorname{tg} u = -1/N,$$

wo $u$ und $u'$ zwei zugeordnete Strahl-Achsen-Winkel (Öffnungswinkel der zugeordneten Punkte $O$ und $O'$) sind.

Auf eine der beiden (zeichnenden oder rechnenden) Weisen kann man leicht zu einem räumlich ausgedehnten Gegenstand, einem *Raumdinge*, das zugehörige räumlich ausgedehnte Bild, das *Raumbild*, finden. Darin sind achsensenkrechte Ebenen

---

[1] Sie ist nach dem vielfach üblichen Gebrauch für den hier vorliegenden Fall positiv angenommen.

ähnlich wiedergegeben, doch ändert sich ihre Vergrößerung mit dem Abstande $a$ zwischen Hauptpunkt $H$ und Dingebene durch $O$.

Handelt es sich indessen um ein *unendlich fernes*, unter dem Winkel $w$ erscheinendes Ding, so versagt die Listingsche Zeichenregel, und man muß daran denken, daß die ferne Dingebene in der achsensenkrechten Brennebene durch $F'$ abgebildet wird.

Zieht man (Abb. 5) durch $F$ den zur Achse unter $w$ geneigten Strahl, so ist das der vom Randpunkt des fernen Gegenstandes nach dem vorderen Brennpunkt gezogene Strahl, der die vordere Hauptebene in $\underline{H}$ schneidet und im Bildraum im Abstande $H'\underline{H}' = H\underline{H}$ der Achse parallel läuft. Er schneidet in der hintern Brennebene den Bildpunkt $\underline{F}'$ aus, der dem Randpunkt des fernen Dinges entspricht.

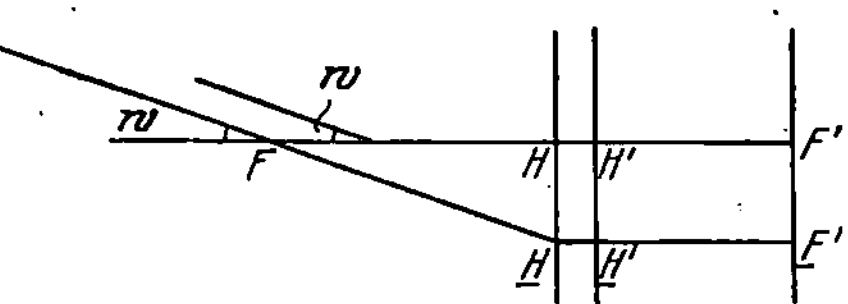

Abb. 5. Die Bildfindung für einen fernen Gegenstand von der scheinbaren Größe $w$.

Für die Rechnung gilt in diesem Falle

$$\operatorname{tg} w = H\underline{H}/HF = y/f$$

und für Luftlängen

$$= -y'/f'; \qquad y' = -f' \operatorname{tg} w. \tag{5a}$$

Übrigens folgt für $a = 1/A = \infty$ aus (4) $A' = D$; $a' = f'$ und aus (3) $y'/y = A/A' = 0$.

Liegt das *Bild* im Unendlichen, was später gelegentlich vorkommen wird, so gilt verständlicherweise umgekehrt

$$y = -f \operatorname{tg} w' = f' \operatorname{tg} w'.$$

Kommt das Bild im Sinne der Lichtrichtung *hinter* der letzten Fläche der Linsenfolge zustande (etwa wie $F'$ in Abb. 3), so heißt es *auffangbar* (reell), da man es auf einem Schirme auffangen kann; liegt es im Sinne der Lichtrichtung *vor* der letzten Fläche (wie bei dem durch einen ebenen Spiegel entworfenen Spiegelbilde eines greifbaren Gegenstandes), so läßt es sich nicht auffangen, und man nennt es *nicht-auffangbar* (virtuell). — Bei Linsenfolgen dient das von der vorangehenden Linse entworfene Bild unmittelbar als Ding für die folgende Linse. Auffangbare Bilder können also, wenn der Linsenabstand kurz genug ist, als *unwirkliche* (virtuelle) *Gegenstände* für die folgende Linse wirken. Eine solche Lage würde sich in Abb. 4 dadurch kenntlich machen, daß man $O\bar{O}$ rechts von $H$ annähme. Die Regel für die Bildfindung gilt ungeändert auch für solche Dingweiten.

Bei den LISTINGschen Zeichnungen war bisher stillschweigend an *Sammel*linsen oder Linsen mit *positiver* (d. h. *im Sinne* der Lichtrichtung durchlaufener) Brennweite $f' = H'F'$ festgehalten worden, und das sind auch die im täglichen Leben wichtigsten. Ihnen stehen *Zerstreuungs*linsen mit *negativer* (d. h. der Lichtrichtung *entgegen* durchlaufener) Brennweite $f' = H'F'$ gegenüber, was sich in Abb. 6 dadurch äußert, daß die |gestrichelten und die ungestrichelten Grundpunkte ihre Seiten vertauschen. Bei verhältnismäßig dünnen Zerstreuungslinsen liegen allerdings die Hauptpunkte in der Reihenfolge $H$, $H'$ wie bei Sammellinsen; indessen kommt die in Abb. 6 angenommene Lage $H'$, $H$ bei Linsenfolgen von verwickelterem Bau (etwa einer Fernrohrbrille) vor. Für Zerstreuungslinsen lassen sich genau die gleichen Zeichnungen durchführen 'wie bei Sammellinsen; das sei an einem entsprechenden Fall in Abb. 6 gezeigt, für den die zu Abb. 4 gehörige Beschreibung Wort für Wort gilt. Man erkennt leicht,

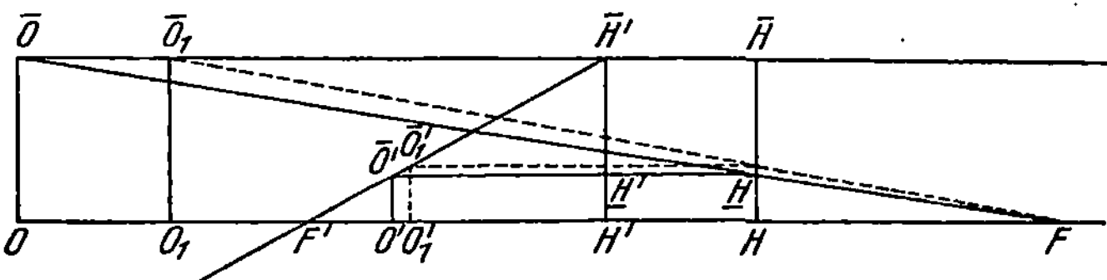

Abb. 6. J. B. LISTINGs Auffindung des zu $O\,\overline{O}\,(O_1\,\overline{O}_1)$ gehörigen Bildes $O'\,\overline{O}'\,(O'_1\,\overline{O}'_1)$ mit Hilfe der Brennpunkte und der Hauptebenen bei einer zerstreuenden Folge. — Die Rechtläufigkeit des Bildes.

daß Zerstreuungslinsen von greifbaren Dingen aufrechte, nicht-auffangbare Bilder liefern. Die Bildfindung für unwirkliche Gegenstände bei Zerstreuungslinsen ist als Übungsaufgabe sehr zu empfehlen. — Die Rechtläufigkeit des Bildes ($O\,O_1$ ist wieder mit $O'O'_1$ gleich gerichtet) ist aus Abb. 6 ohne weiteres zu entnehmen.

Zuerst J. CLERK MAXWELL 1856, dann E. ABBE seit 1871 haben die GAUSSische Abbildung auf endlich geöffnete Linsenfolgen und Dingpunkte von endlichem Achsenabstande ausgedehnt, und namentlich der Letztgenannte hat gezeigt, daß aus der bloßen Voraussetzung einer eindeutigen, durch geradlinige Strahlen vermittelten Abbildung die Gesetze der GAUSSischen Abbildung in aller Strenge folgen, ohne daß über ihre Verwirklichung irgendeine Annahme gemacht werde. Tatsächlich bedeutet aber diese Erkenntnis keine Erweiterung des GAUSSischen Abbildungsbereichs, denn es läßt sich für Linsenfolgen endlicher Öffnung und endlichen Feldes jene Voraussetzung der Eindeutigkeit eben nicht mit aller Strenge erfüllen. Somit hat diese Lehre ihre Hauptbedeutung darin, daß mit ihr ein Vorbild der Leistung von Flächenfolgen gegeben ist. Bei der näheren Beschreibung der einzelnen Vorkehrungen wird man darauf eingehen, in welchen Punkten die durch sie vermittelte Abbildung von der vorbildlichen abweicht.

**b) Die Strahlenbegrenzung.** Der eben behandelte, sehr wichtige Zusammenhang zwischen Ding und Bild folgte aus der allgemeinen Annahme einer durch geradlinige Strahlen vermittelten, fehlerfreien Abbildung; er reicht aber zum Verständnis der Wirkung optischer Vorkehrungen nicht aus, weil bei seiner Ableitung zwei Umstände unberücksichtigt blieben, die sich bei jeder optischen Abbildung finden. Erstens ist das die stets irgendwie begrenzte Größe der Linsendurchmesser und zweitens das Vorhandensein eines flächenhaft ausgedehnten Auffangschirms (sei es der Mattscheibe einer photographischen Kammer oder der Netzhaut des Auges), auf dem eine *Darstellung* des Raumdinges (S. 10) *entworfen* wird; denn nur selten liegen alle Dingpunkte in einer einzigen Ebene, so daß sie auf dem Schirme wirklich *abgebildet* werden können. Die Berücksichtigung dieser Verhältnisse ist im Anschluß an E. Abbes grundlegende Untersuchungen vom Jahre 1871 zu geben; sie wird zur Ableitung wichtiger, allen optischen Instrumenten gemeinsamer Eigenschaften führen.

Die Folgen der Beschränktheit von Linsendurchmessern und Blendenöffnungen. Durch die Begrenzung der Linsendurchmesser werden, wie unmittelbar ersichtlich ist, ganz bestimmte Gruppen aus der Strahlenmenge eines leuchtenden Punktes ausgewählt und für die Abbildung dienstbar gemacht, Strahlengruppen, die durchaus nicht das oben zur Bildfindung benutzte Strahlenpaar enthalten müssen.

Eine ausgerichtete Linsenfolge $S$ sei unbeweglich vor einem beliebigen Raumdinge vorausgesetzt, das später durch Pfeile veranschaulicht werden soll. Dann erscheint einem an den Achsenort $O$ des wichtigsten Dingteils gebrachten Auge eine bestimmte der in $S$ enthaltenen Blenden oder Fassungen unter einem kleineren Winkel als alle übrigen (Abb. 7). Diese Blende oder Fassung kann unmittelbar gesehen werden, wenn sie zwischen $S$ und $O$ liegt

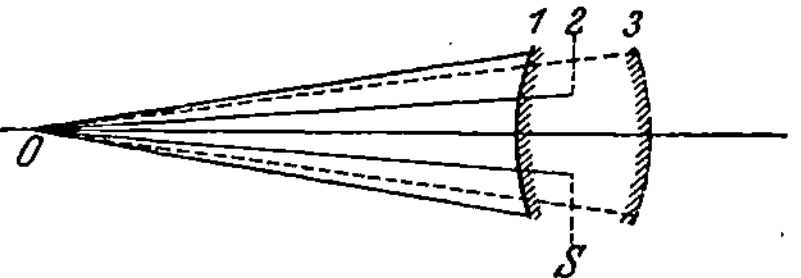

Abb. 7. Ein Übersichtsbild für die Aufsuchung der Eintrittspupille.
Es seien drei Blenden vorhanden: 1. Die unmittelbar sichtbare Fassung der ersten Linse sowie *2* und *3* als scheinbare Blenden (2. das dingseitige Bild der Innenblende, 3. das dingseitige Bild des Fassungsrandes der letzten Linse). In diesem Falle ist *2* die Eintrittspupille. Wäre *2* nicht vorhanden, so würde *3* die Eintrittspupille sein.

(eine Vorderblende ist); liegt sie im Innern der Linsenfolge (ist sie eine Innenblende), so wirkt sie auf das in $O$ befindliche Auge mittelbar als *scheinbare Blende* durch ihr von den voraufgehenden Teilen der Folge entworfenes, meist unzugängliches Bild. Im folgenden soll immer von den scheinbaren Blenden der Dingseite gesprochen werden, worin eine etwa vorhandene

Vorderblende einbegriffen ist. Aus all diesen räumlichen, je einen geraden Kegel bildenden Gesichtswinkeln, deren Spitzen sämtlich in $O$, deren Grundkreise in den scheinbaren Blenden der Dingseite liegen, wird der kleinste gewählt: die zugehörige greifbare Blende heißt *Öffnungs-* (Apertur-) *Blende,* die zugehörige scheinbare Blende auf der Dingseite aber die *Eintrittspupille* der Linsenfolge. Alle von Achsenpunkten ähnlicher Lage wie $O$ ausgehenden, nach dieser Eintrittspupille zielenden Strahlen werden dann von den andern scheinbaren Blenden der Dingseite durchgelassen. Auch läßt sich nachweisen, daß das durch die ganze Linsenfolge entworfene Bild der Eintrittspupille, von dem zugeordneten Bildpunkte $O'$ betrachtet, ebenfalls kleiner erscheint, als die anderen scheinbaren Blenden der Bildseite. In Übereinstimmung mit dem Vorhergehenden wird dieses Bild die *Austrittspupille* der Linsenfolge genannt.

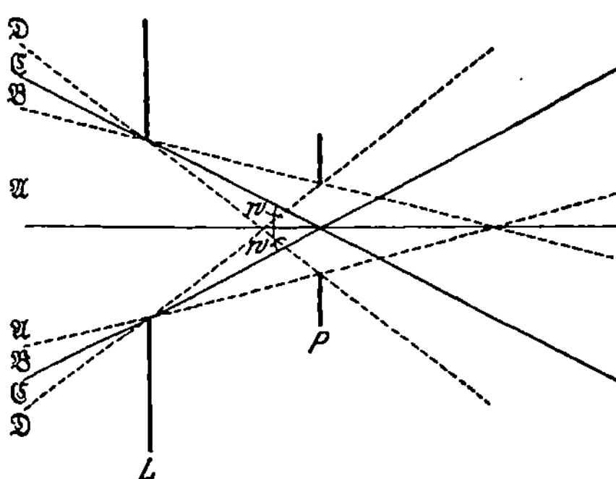

Abb. 8. Bei einer Eintrittspupille $P$ und einer Eintrittsluke $L$ zerfällt der Dingraum nach der Öffnung der eingelassenen Strahlenbündel in die vier Gebiete 𝔄, 𝔅, ℭ, 𝔇.

Macht man nun, um die Seitenausdehnung des Abbildungsbereichs festzustellen, die Annahme, das beobachtende Auge werde in die Mitte $P$ der Eintrittspupille gebracht, so treten ihm die übrigen scheinbaren Blenden der Dingseite als kreisrunde, zur Achse ausgerichtete (konzentrische) Fenster oder Luken von verschiedener scheinbarer Größe entgegen. Wählt man wieder das den kleinsten Winkel darbietende Blendenbild, so durchsetzen die von ihm durchgelassenen Strahlen die ganze Linsenfolge ohne weitere Abblendung; man bezeichnet dieses Blendenbild als *Eintrittsluke L* und die zugehörige Blende als *Gesichtsfeldblende.* Setzt man nunmehr der Einfachheit wegen eine einzige Eintrittsluke als wirksam voraus, so sieht man leicht ein (Abb. 8), daß die beiden Öffnungen $L$ und $P$ den Dingraum in vier Gebiete teilen, nämlich eines 𝔄, wo die volle Öffnung der Achsenpunkte gilt, eines 𝔅, wo die Verminderung nur so weit geht, daß noch Strahlen durch die Pupillenmitte treten, wo mithin noch etwa die halbe Öffnung gilt, eines ℭ, wo die Öffnung allmählich etwa von der Hälfte bis auf Null abnimmt, und eines 𝔇, wo gar keine Strahlen mehr das Blendenpaar durchsetzen können. Das Bereich 𝔇 scheidet also für diese Linsenfolge aus, da seine Punkte keine

Strahlen mehr hindurchsenden können, und $\mathfrak{A}$, $\mathfrak{B}$ und $\mathfrak{C}$ zusammen bilden nach A. GULLSTRAND den *Strahlenraum* der Linsenfolge.

Wie man aus der Abb. 8 sieht, hängen $\mathfrak{B}$ und $\mathfrak{C}$ von der Größe des Durchmessers der Eintrittspupille ab; nimmt man diese, wie es häufig geschieht, klein an, beschränkt sich also tatsächlich auf die Mitte der Eintrittspupille, so schwinden $\mathfrak{B}$ und $\mathfrak{C}$ auf enge Gebiete zusammen, und man trennt durch die Einführung der Eintrittsluke $L$ den gesamten Dingraum in nur zwei Gebiete, deren eines, der Strahlenraum $\mathfrak{A}$, die Punkte enthält, die abgebildet werden, während das andere, $\mathfrak{D}$, die nicht abgebildeten Punkte umfaßt. Den Winkelraum $2w$ des ersten Bereichs bezeichnet man dann als *Gesichtsfeldwinkel*. Bei endlicher Blendenöffnung behält

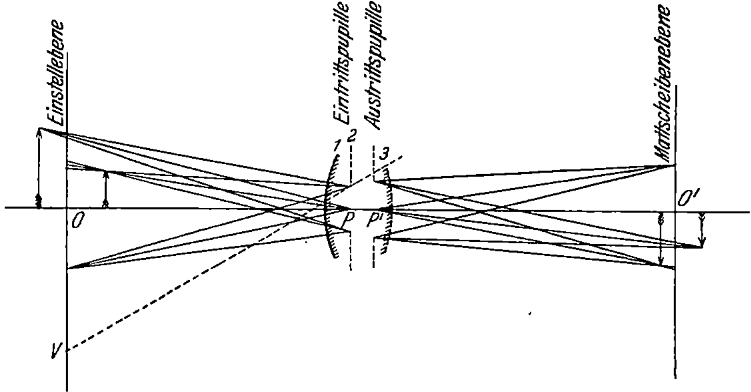



Abb. 9. Zur Ableitung des Abbildes.
Dingpunkte vor oder hinter der Einstellebene erscheinen auf ihr in Zerstreuungskreisen. Für Punkte der Einstellebene mit einem größeren Achsenabstande als $O\,V$ schattet die Blende *3* die Öffnung ab.

er seine Bedeutung für das Strahlenbündel aus der Pupillenmitte, d. h. das Bündel der *Hauptstrahlen*. Die Gebiete $\mathfrak{B}$ und $\mathfrak{C}$ pflegt man als die zunehmender *Abschattung* zu bezeichnen.

Genau die gleichen Verhältnisse gelten infolge der eindeutigen Abbildung für den Bildraum; hier ebenfalls erscheint die Austrittsluke $L'$ von $P'$ aus betrachtet unter einem kleineren Winkel $w'$ als irgendein anderes Blendenbild der Bildseite.

**Die Folgen der Beschränkung des Bildraums auf eine Ebene.** Im allgemeinen bilden Linsenfolgen keine Ebenen, sondern Raumdinge ab, denen also Raumbilder entsprechen; der Fall, daß die Dingpunkte alle in einer Ebene liegen (Sternhimmel, Feinschnitte, Gemälde und Zeichnungen), ist verhältnismäßig selten. Wie schon bemerkt, bringt man in den Bildraum (Abb. 9) stets eine Auffangfläche, die hier immer als eine achsensenkrechte

Ebene gelten soll, die *Mattscheibenebene* durch $O'$. Schneidet man mit ihr die von der Austrittspupille ausgehenden und nach den Bildpunkten gerichteten Strahlenbündel, so entsteht auf ihr eine aus Punkten und Flecken (bei den gewöhnlichen *Linsenfolgen* mit ausgerichteten Blenden: aus Punkten und Zerstreuungskreisen) zusammengesetzte Darstellung oder ein Entwurf. Der ganzen Anlage dieser Schrift entspricht es, den dieser Darstellung zugeordneten Gegenstand aufzusuchen, der ja auf der achsensenkrechten Dingebene durch $O$ liegen muß, die der Mattscheibenebene durch $O'$ als Gegenstand entspricht. Sie sei als *Einstellebene* durch $O$ bezeichnet.

Was die Öffnung angeht, mit der ihre Punkte abgebildet werden, so muß diese Ebene durch den beliebigen Punkt $O$ die Gebiete $\mathfrak{A}$, $\mathfrak{B}$, $\mathfrak{C}$, $\mathfrak{D}$ schneiden, d. h. es gibt auf einer beliebig gewählten Einstellebene ein mittleres kreisförmiges Gebiet $\mathfrak{A}_0$, wo die volle Öffnung der Eintrittspupille gilt, einen innern Kreisring $\mathfrak{B}_0$, wo die Abschattung von Null bis etwa zur Hälfte steigt, und einen äußeren Kreisring $\mathfrak{C}_0$, wo sie von etwa der Hälfte bis auf völlige Dunkelheit zunimmt. Diese beiden Kreisringe nennt man die *Abschattungsgebiete.* Die Gesichtsfeldgrenze ist hier also verwaschen. Diese Kreisringe sind unter sonst gleichen Umständen um so schmaler, je näher die Einstell- an der Lukenebene liegt, und sie verschwinden, wenn diese beiden Ebenen zusammenfallen. Alsdann liegt in der Einstellebene eine *scharfe Gesichtsfeldgrenze*, und an ihr ist der Übergang von vollständiger zu verschwindender Helligkeit sprunghaft. Solche Verhältnisse werden z. B. mit Hilfe der Okulare (S. 56) verwirklicht.

Nach dieser Einschaltung über die Helligkeit wenden wir uns wieder der Aufgabe zu, die dem Entwurf auf der Mattscheibenebene entsprechende ebene Darstellung der Dingseite aufzusuchen. Da den nach den Bildpunkten zielenden Kreiskegeln aus der Austrittspupille die von den Dingpunkten auf die Eintrittspupille gerichteten Öffnungskegel entsprechen, so ergibt sich der gesuchte Gegenstand als die Schnittfigur jener von den Dingpunkten ausgehenden Bündel mit der Einstellebene. Dieses Gebilde sei als das *Abbild* des Raumdings bezeichnet. Es wird (unbewußt) in dem Augenblick eindeutig bestimmt, wo man irgendeine Linsenfolge an irgendeiner Stelle auf irgendein Raumding richtet; denn dadurch setzt man eben eine Eintrittspupille nach Lage und Größe an und bestimmt die Entfernung, in der die Einstellebene liegen soll. Die ganze Wirksamkeit der Linsenfolge beschränkt sich dann darauf, dieses aus Punkten und Zerstreuungskreisen bestehende Abbild in dem oben beschriebenen, wenn auch noch nicht so bezeichneten *Abbildsbilde* abzubilden. Selbst-

verständlich ist es auf dieser Stufe der Darstellung als völlig
ähnlich dem Abbilde anzusehen, und es sei schon hier (s. S. 95)
bemerkt, daß man ein greifbares Abbildsbild eben infolge seiner
geometrischen Ähnlichkeit in das dingseitige Hauptstrahlenbündel
einschalten kann. In einem solchen Falle liegt das Abbildsbild von
der Mitte $P$ der Eintrittspupille aus mit dem Abbilde und damit
auch mit dem Raumdinge selbst *perspektivisch.*

Bei der Wichtigkeit dieser ganz allgemeinen Darstellung eines
Raumdinges auf einer Ebene durch Strahlenbündel endlicher
(d. h. mittlerer oder nicht verschwindend kleiner) Öffnung muß
auf ihre Natur etwas näher eingegangen werden. Aus dem Vorhergehenden ist klar geworden, daß die dingseitigen Zerstreuungskreise (die von Punkten außerhalb der Einstellebene herrühren)
keine Fehler der Linsenfolge sind; sie mindern aber selbstverständ-
lich die Schärfe der Darstellung und können unter sonst gleichen
Umständen nur durch eine Verkleinerung des Durchmessers der
Eintrittspupille verkleinert werden. Beschränkt man nun diesen
Öffnungskreis mehr und mehr (und dazu gibt es bei manchen
Instrumenten besondere Vorkehrungen), so werden die Zerstreuungskreise immer kleiner und kleiner und nähern sich endlich
immer mehr dem Durchstoßpunkte des nach dem Dingpunkte
gerichteten Hauptstrahls. Bei endlicher Blendenöffnung ist dieser
Durchstoßpunkt die Mitte des Zerstreuungskreises, und dahin
wird bei der Betrachtung unwillkürlich der Ort des durch den
Zerstreuungskreis vertretenen Dingpunkts verlegt. Bei verschwindender Blendenöffnung projiziert man also zur Feststellung des
Abbildes alle Dingpunkte, wo immer sie gelegen sind, auf die
Einstellebene. Die so erhaltene ebene Darstellung eines Raumdinges ist aber nichts den optischen Instrumenten Eigentümliches,
sondern ist einfach eine *Zentralprojektion* auf eine Ebene (eine
*perspektivische Darstellung*). Die durch ein solches Verfahren
bedingten Größenänderungen (Darstellung näherer Gegenstände
in größerem, fernerer in kleinerem Maßstabe) sind seit Jahr-
hunderten in der Lehre von der Perspektive untersucht worden.
Bei endlicher Blendenöffnung bleibt die Perspektive ungeändert
bestehen, da ja an dem Verlauf der Hauptstrahlen nichts geändert
wurde. Die Abbildung wird dadurch unscharf, daß sich fast um
jeden Punkt der Perspektive ein Zerstreuungskreis lagert, dessen
Durchmesser mit dem Öffnungsdurchmesser der Eintrittspupille
und außerdem mit der Entfernung des Dingpunkts von der
Einstellebene wächst.

Faßt man den Hauptinhalt dieses Abschnitts zusammen, so
erhält man die folgenden Sätze: Das Abbildungsbereich einer fest
angenommenen, ausgerichteten Linsenfolge läßt sich im Ding-

und im Bildraum durch die Pupille und die Luke angeben. Während die Pupille die Öffnung der abbildenden Strahlenbündel beschränkt und dadurch den Begriff der Richtung auf die Linsenfolge zu in die vorher noch gänzlich allgemeine Lagen- und Größenbeziehung einführt, hat die Luke die Aufgabe, den Strahlenraum von der Gesamtheit der Punkte zu sondern, die überhaupt keine Strahlen durch die Linsenfolge senden können.

Was sodann die Wiedergabe eines Raumdinges angeht, so kann es durch eine Linsenfolge auf dem allein verfügbaren ebenen Auffangschirme nicht abgebildet werden, sondern wird auf ihm nur mittels eines Entwurfs dargestellt. Das Verfahren zur Auffindung des Abbildes ist das einer Zentralprojektion mit der Einstellebene als Zeichenebene und der Mitte der Eintrittspupille als Projektionszentrum und führt auf die altbekannten Sätze der Perspektive. Werden Linsenfolgen endlicher Öffnung verwendet, so müssen die verschieden entfernten Dingpunkte mit verschiedener Schärfe dargestellt werden; nämlich die in der Einstellebene liegenden völlig scharf, die außer ihr je nach ihrem größeren oder geringeren Abstande mehr oder minder unscharf. Die Linsenfolge bildet dann dieses Abbild zwar ähnlich, aber in einem andern Maßstabe auf dem Auffangschirm ab.

In ganz reiner Form wird die Strahlenbegrenzung bei der 1873 von CUIGNET gefundenen *Schattenprobe* (Skiaskopie) angewandt, wie sie der Augenarzt vornimmt, um ohne Befragung des Prüflings ein ihm angenähert passendes Brillenglas zu bestimmen. Die gründlichste Behandlung dieser Aufgabe geht auf den Berliner Augenarzt H. WOLFF zurück, der seit 1900 verschiedene wertvolle Aufsätze darüber veröffentlicht hat. Mittels eines neigbaren, durchlochten Planspiegels läßt man auf der Netzhaut des Prüflingsauges einen einigermaßen scharf begrenzten Lichtfleck wandern und beachtet, in welchem Sinne sich die Grenze zwischen Licht und Schatten auf der Prüflingspupille verschiebt, wo diese Grenze in Zerstreuungskreisen gesehen wird. Ist die Verschiebung zur Spiegeldrehung gegenläufig, so ist das Prüflingsauge auf einen Punkt zwischen seiner Pupille und dem Planspiegel eingestellt; ist sie mitläufig, so liegt der Punkt der Einstellung entweder jenseits vom Spiegel oder unzugänglich vor dem Prüflingsauge. Man kann sich also aus diesem Schattenlauf von der Lage des Punktes Rechenschaft geben, auf den das Prüflingsauge eingestellt ist. Fällt der Punkt der Einstellung in die Lochmitte, so nimmt man keine merkliche Schattenwanderung mehr wahr; man kennt also mit dem Spiegelabstand die Entfernung des Punktes der Einstellung von dem Prüflingsauge. Mit Hilfe von Vorschlaggläsern und durch richtige Wahl des Spiegelabstandes von der Prüflingspupille kann man also das Brillenglas angenähert (abgesehen von der Akkommodation [s. S. 21ff] des Prüflingsauges) bestimmen.

**c) Die Strahlungsvermittlung.** Wenn in dem vorhergehenden Abschnitt erörtert worden war, welche Raumgebiete überhaupt in die Flächenfolge strahlen, so sollen hier wenigstens die Grundzüge dafür angegeben werden, wie die Flächenfolge die Strahlung vermittelt. Es handelt sich dabei um zwei verschiedene Aufgaben, je nachdem einmal nur die *Menge* der in die Linsenfolge eintretenden oder das andere Mal auch die *Leuchtkraft* oder *Flächenhelle* (spezifische Intensität) der sie verlassenden Strahlen berücksichtigt wird. Die ersterwähnte Strahlenmenge wird in der Regel für den eingestellten Achsenpunkt ermittelt und entspricht für Linsenfolgen in Luft nach dem LAMBERTschen Gesetz $\sin^2 u$, wo $u$ der halbe Winkel ist, unter dem die Eintrittspupille dem Dingachsenpunkt erscheint. Man bezeichnet diese Größe, bei der die *Spiegelungs-* und *Durchgangs*verluste unberücksichtigt bleiben, als *relative* (verhältnismäßige) *Lichtstärke*. Berücksichtigt man auch den Verlust an Leuchtkraft, der mit jeder Brechung infolge der von ihr unzertrennlichen Spiegelung verbunden ist (Spiegelungsverlust), sowie den weiteren, der beim Durchgang durch die Linsenmittel eintritt (Durchgangsverlust), und vermindert dementsprechend den Wert der Leuchtkraft für die austretenden Strahlen, so erhält man die *absolute* (wirkliche) *Lichtstärke* eines optischen Instruments.

Näheres soll bei der Behandlung der einzelnen Instrumente, namentlich auf den Seiten 37, 43, 66, 98, 114 gesagt werden.

**d) Die Abbildung durch optische Instrumente.** Die tatsächlich vorhandenen Flächenfolgen enthalten zum größten Teile *brechende* Flächen; *spiegelnde*, von ebenen Spiegeln abgesehen, finden sich nur bei wenigen, später einzeln aufzuführenden Fällen. Dieser Abschnitt hat mithin nur *Linsenfolgen* zu behandeln; es werden auch fast nur ausgerichtete Linsenfolgen vorkommen.

Die brechenden Flächen sind fast ohne Ausnahme *achsensymmetrische Umdrehungsflächen*, und nur bei den Brillengläsern kommen auch *zylindrische* und *torische* oder *Wulst*flächen (s. S. 34) vor. Unter den erstgenannten überwiegen bei weitem die *sphärischen* oder *Kugel*flächen, und in neuerer Zeit erst ist man zu regelmäßiger Herstellung anderer Umdrehungsflächen (*parabolischer*, *elliptischer*, allgemein *asphärischer*) übergegangen.

Der Rohstoff für die Linsen ist hauptsächlich *Glas*, das für die Anforderungen der Optik (als *optisches Glas*) möglichst gleichmäßig im Brechungsverhältnis und meist auch möglichst farblos herzustellen ist. Scharf begrenzte Unregelmäßigkeiten, wie Steinchen und Bläschen, schaden weniger, zu vermeiden sind aber Verschiedenheiten im Brechungsverhältnis (*Schlieren, Wellen*). Für die Zwecke der Optik werden die Glasarten bestimmt durch ihre *Brechung*, durch ihre *Zerstreuung* (Dispersion), die den Unterschied der Brechzahlen für verschiedenfarbiges Licht angibt, und schließlich durch ihre *Absorption* (Dämpfung, Undurchlässigkeit), das ist das Vermögen, einen Teil der Leuchtkraft zu verschlucken.

Die Brechung wird gemessen durch das *Brechungsverhältnis* oder die *Brechzahl* des gelben Lichts, hier gilt die Beziehung:

$$\text{Brechzahl} = \frac{\text{Wellenlänge des gelben Lichts in Luft}}{\text{Wellenlänge des gelben Lichts in Glas}}\,1.$$

Bei den gebräuchlichen Glasarten liegen die Brechzahlen zwischen 1,49 und 1,65 als Grenzen.

Infolge der Farbenzerstreuung wächst die Brechzahl, wenn man vom roten Licht (der FRAUNHOFERschen Linie $C$) zu blauem (der Linie $F$), allgemein von längerwelligem Licht zu kürzerwelligem übergeht. In der rechnenden Optik gibt man in der Regel nicht die Zerstreuung selbst an, sondern eine für die rechnerische Verwertung bequemere Größe, das *Zerstreuungsvermögen*. Dieses ist

$$\text{Zerstreuungsvermögen} = \frac{\text{Unterschied der Brechzahlen zwischen blau und rot}}{\text{Um 1 verminderte Brechzahl}}$$

Bei den in der Optik regelmäßig verwendeten Glasarten liegt es zwischen 1/65 und 1/34, und zwar entsprechen diese beiden Werte den beiden oben angegebenen Brechzahlen. Setzt man für das erste Glas die mitgeteilten Angaben ein, so folgt aus

$$\frac{1}{65} = \frac{\text{Unterschied der Brechzahlen zwischen blau und rot}}{0,49}.$$

$$\text{Unterschied der Brechzahlen zwischen blau und rot} = \frac{0,49}{65} = 0,0075$$

und für das andere Glas:

$$\text{Unterschied der Brechzahlen zwischen blau und rot} = \frac{0,65}{34} = 0,0191.$$

Die Absorption wird gemessen durch den bei einer Weglänge von 1 cm durchgelassenen Bruchteil der auffallenden Lichteinheit (die Dämpfungszahl). Diese Werte nehmen für die meisten Arten optischen Glases nach dem kurzwelligen Ende des Spektrums deutlich ab.

---

[1] Die Wellenlängen $\lambda$ des Lichts werden in Tausendsteln von Millimetern gemessen. Diese Einheit $\mu = 0,001$ mm wird nach J. B. LISTING *Mikron* genannt; rotes Licht $(C)$ mag durch die Wellenlänge $\lambda = 0,656\,\mu$, gelbes $(D)$ durch $\lambda = 0,589\,\mu$, blaues $(F)$ durch $\lambda = 0,486\,\mu$ und violettes $(G')$ durch $\lambda = 0,434\,\mu$ vertreten werden.

Eine einzelne Glaslinse (z. B. ein Brillenglas) vereinigt aber die Strahlen durchaus nicht so vollkommen, wie soeben vorausgesetzt wurde; sie zeigt sowohl *Farbenfehler* (chromatische Aberrationen) als auch *Kugelabweichungen* oder *Abweichungen einfarbiger Strahlen* (monochromatische Aberrationen). Daher sind die oben unter anderen Voraussetzungen abgeleiteten Sätze auf Einzellinsen nicht so ohne weiteres anzuwenden.

Der für das Auge hauptsächlich wichtige Anteil der Farbenfehler wurde zuerst in England durch die Vereinigung der Farben rot und blau (die augenrechte[1] Farbenvereinigung) gehoben, und zwar bereits 1729 durch den Wissenschafter CHESTER MOOR HALL, dann 1758 durch den von jenem beeinflußten werktätigen Optiker JOHN DOLLOND. Sie verbanden eine Sammellinse aus *altem Kron* (einer Glasart mit niedriger Brechzahl und niedrigem Zerstreuungsvermögen) mit einer Zerstreuungslinse aus *altem Flint* (einer Glasart mit hoher Brechzahl und hohem Zerstreuungsvermögen). Die Zwischenfarben (also etwa kreßfarben, gelb, grün, grünblau) hatten allerdings etwas kürzere Vereinigungsweiten. Diese Abweichungen nannte man *sekundäres Spektrum* (etwa: Restfarben, Farbenfehler zweiter Ordnung), und diese Farben konnten namentlich bei längeren Brennweiten noch recht stören. Auf diesem Standpunkt blieb das Optikergewerbe notgedrungen stehen, weil ihm die (in Bayern zwar zu regelmäßigem Betriebe [s. S. 74] entwickelte, aber hauptsächlich in Frankreich und England ausgeübte) Schmelzkunst keine neuen Glasarten zur Verfügung stellte, denn die Verbesserungsversuche von J. FRAUNHOFER und W. V. HARCOURT blieben ohne wirtschaftliche Folgen. Erst die auf E. ABBES Anregung und Mitwirkung zurückzuführende Eröffnung des Jenaer Glaswerks von SCHOTT & GEN. schuf hier Wandel. Im Jahre 1885 wurden zuerst neben anderen auch solche Glasarten zum Kaufe angeboten, die eine weit feinere Hebung der Farbenfehler (auch des sekundären Spektrums) ermöglichten.

Was die einfarbigen Abweichungen angeht, so kann man überhaupt von einer Strahlenvereinigung in strengem Sinne meist nicht mehr sprechen, sobald man den fadenförmigen Raum der GAUSSischen Abbildung verläßt. Das gilt stets, sobald es sich bei Achsendingpunkten um weitgeöffnete Bündel handelt, oder sobald in Linsenfolgen mit großem Gesichtsfelde Hauptstrahlenneigungen von großem Betrage vorkommen. Dann entspricht immer einem Dingpunkt auf dem Schirm ein verhältnismäßig großer Lichtfleck mit ganz ungleichmäßiger Lichtverteilung. Um einen hellen *Kern*, der als das Bild des strahlenden Dingpunkts aufgefaßt wird, breitet sich ein weniger heller Lichtfleck aus. Da aber Auge und photographische Platte „hart" arbeiten, d. h. nur Lichteindrücke aufnehmen, deren Stärke

---

[1] Nach der Erfindung der Lichtbildverfahren wurde es notwendig, noch zwei andere Weisen der Farbenvereinigung, die *platten-* und die *einstellrechte*, zu entwickeln. Näheres s. auf S. 103/4.

über eine gewisse Grenze hinausgeht, so kommt es, daß dem Auge ein in strengem Sinne unvollkommenes Bild doch von hoher Schärfe erscheint, wenn nur das *Lichtgefälle* in dem Teile der stärksten Lichtvereinigung sehr stark ist. A. GULLSTRAND † hat das Verdienst, auf diese Verhältnisse im allgemeinen und namentlich auf ihre große Bedeutung hingewiesen zu haben. Denn da man jede optische Vorkehrung so benutzt, daß man einen Schirm in den Weg der Lichtstrahlen bringt und die so entstehende Lichtverteilung auf sich wirken läßt, so muß man die Lichtverteilung in den Zerstreuungsflecken genauer untersuchen. Ihrem Wesen nach ist sie eine *Projektion* auf den Auffangschirm, GULLSTRAND nennt sie eine *optische* Projektion zum Unterschiede von dem einfachen Falle einer *geometrischen.* Folgerechterweise redet er nicht von der Vergrößerung von Ding- und Bildflächen, sondern von dem Verhältnis der Projektionen, wenn er beispielsweise das Abbild mit der Darstellung auf der Mattscheibe vergleicht. Da bei enger Blende einem jeden Punkte des Abbildes ein einziger Schirmpunkt (eigentlich bei kleiner endlicher Öffnung ein kleiner heller Fleck auf dem Schirm) entspricht, so spricht A. GULLSTRAND dann von einer *punktuellen Korrespondenz* und versteht darunter die bei enger Blende eindeutige und eindeutig umkehrende Beziehung zwischen dem Abbilde und der Darstellung auf dem Schirme. Bei den optischen Instrumenten der Technik fordert man meist, daß diese Darstellung dem Abbilde ähnlich sei, und nennt sie dann Abbildsbild (S. 10).

Die Bedingungen dafür, daß auf einem Schirm auch bei endlicher Bündelöffnung eine scharfe Darstellung erscheine, sind um so zahlreicher, je größer diese Öffnung gewählt wird. Bei kleiner Öffnung handelt es sich zunächst um den *Astigmatismus schiefer Bündel* (S. 105); bei etwas größerer kommt die *Koma* in Betracht, und bei der nächsten Stufe tritt die *Kugelabweichung im engeren Sinne* auf. Ist der Schirm wie in der Regel eben, so muß nicht nur der Astigmatismus schiefer Bündel vernichtet, sondern auch das *Feld geebnet* (S. 107) werden. Die soeben erwähnte Forderung eines dem Abbilde ähnlichen Abbildsbildes ist zwar eine Aufgabe der Projektion, wird aber in der Optik als *Freiheit* des Bildes von Verzeichnung (Distortion) bezeichnet (S. 108).

Instrumente mit einem kleinen, auf die Nachbarschaft der Achse beschränkten Feld, wie Mikroskop, Fernrohr, Sonnenmikroskop und Zauberlaterne, hat man schon seit dem 17. Jahrhundert hergestellt. Vorkehrungen mit größerem Gesichtsfelde und gleichzeitig ansehnlicher Öffnung wurden zuerst verlangt, als die 1839 veröffentlichten Lichtbildverfahren das Bedürfnis nach solchen Hilfsmitteln erweckten. J. PETZVAL war es, der zwischen 1840 und 1842 die ersten und gleich sehr erfolgreichen Schritte zur Lösung dieser Aufgabe tat.

# II. Auge und Brille.

## A. Das Auge.

Das zweifellos wichtigste optische Instrument ist das Auge. Hier ist nicht nur die optische Einrichtung des einzelnen Auges, sondern auch der Vorgang beim Sehen zu schildern. Dabei wird es sich namentlich handeln um die Bedeutung der raschen und leichten Beweglichkeit des Einzelauges in seiner Höhle und um das Zusammenwirken beider Augen. Bei der Besprechung dieser Punkte sollen die Mittel kenntlich werden, wodurch ein — optisch gesprochen — ziemlich unvollkommen gebautes Glied unseres Körpers zu so hervorragend genauen Leistungen befähigt wird. Der Grund zu unserer heutigen Auffassung über das Auge wurde 1604 von J. KEPLER gelegt.

**a) Das Auge als ruhender Dunkelkasten** (Abb. 10). Von den in das Auge tretenden Lichtstrahlen wird zuerst die *Hornhaut* getroffen; sie bildet den vorderen, stärker gewölbten Teil der *Sehnenhaut*, von der der Augapfel ganz umschlossen ist. Die Hornhaut dient als vorderer Teil der *Augenkammer*, die mit dem *Kammerwasser* gefüllt ist. Hinten wird die Augenkammer von der *Iris* (Regenbogenhaut) abgeschlossen, an die sich die *Linse* anlegt, deren Flächen bei nicht gealterten, gesunden Augen (s. S. 21 unten) auch stärker gekrümmt werden können[1]. An ihre Hinterfläche schließt sich der *Glaskörper*, eine gallertartige Masse, die den Hauptraum des Auges bis zur Netzhaut ausfüllt. Die Netzhaut wird von den Verästelungen des *Sehnerven* (*Stäbchen* und *Zäpfchen*) gebildet, sie

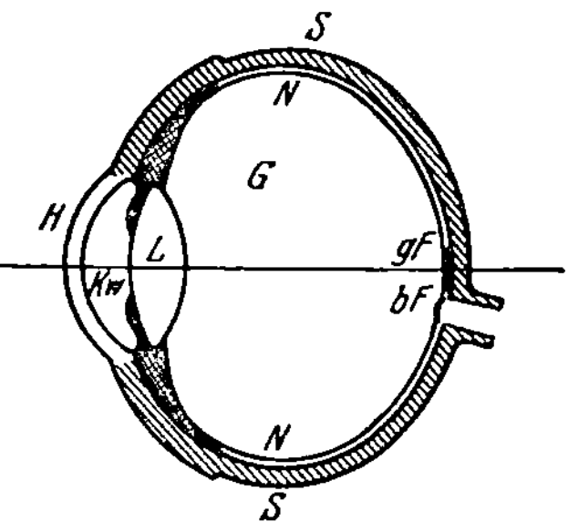

Abb. 10. Ein wagrechter Achsenschnitt durch das rechte Auge. *H* Hornhaut, *SS* Sehnenhaut, *K<sub>w</sub>* Kammerwasser, *L* Linse, *G* Glaskörper, *NN* Netzhaut, *gF* gelber Fleck, *bF* blinder Fleck.

ist der lichtempfindliche Teil des Auges und kann einer *Pflasterdecke* verglichen werden, deren Steine in der Mitte sehr klein sind, nach dem Rande zu aber größer werden und gelegentlich

---

[1] Zu beachten ist, daß die Linse bei Kindern und jungen Leuten unter Zwanzig aus sehr dünnen Schichten besteht, in denen die Brechzahl nach der Linsenmitte zu stetig zunimmt. Bei Leuten über Zwanzig sondern, wie C. v. HESS gezeigt hat, zwei *Sprungflächen* einen *Linsenkern* von einer *Rindenschicht* ab; jeder Teil der Rindenschicht hat die Form eines auf der Achse sehr dünnen Zerstreuungsmeniscus. Die Wirkung einer solchen, nicht überall die gleiche Brechzahl aufweisenden Linse ist schwer zu übersehen, und darum führt man zur Erleichterung der Vorstellung die *Linsenbrechzahl* (den Totalindex) ein. Sie ist so bestimmt, daß eine Augenlinse aus einem solchen einfachen Mittel bei gleichen Außenkrümmungen der Flächenfolge des Auges die gleiche Brennweite verleihen würde. Bei einer Brechzahl der Hornhaut von 1,376, des Kammerwassers und des Glaskörpers von 1,336, ergibt sich eine Linsenbrechzahl von 1,4085 für die Linse im Ruhezustande. — Die feine *Höckerung* der Linsenkern-Vorderfläche ist in neuerer Zeit mit Hilfe der GULLSTRANDschen Spaltlampe von dem Züricher Augenforscher A. VOGT und seinen Schülern beschrieben worden.

Lücken zwischen sich lassen. Daher ist die Fähigkeit, Einzelheiten zu unterscheiden, auf den verschiedenen Teilen der Netzhaut sehr verschieden; am größten ist sie auf dem *gelben Fleck*, namentlich in seiner Mitte, der *Netzhautgrube*, und nimmt nach den Randteilen ab. Nach J. v. KRIES schreibt man den Stäbchen gerade bei schwacher Beleuchtung (im *Dämmerungssehen*) eine im wesentlichen farblose Lichtwahrnehmung zu, während die Zäpfchen der Netzhautgrube sich zwar weniger leicht schwacher Beleuchtung anpassen, aber farbentüchtig und so beschaffen sind, daß in ihrem Bereich (*im Tagessehen*) auch die längerwelligen Strahlen auf sie wirken. Da, wo der Sehnerv in die Netzhaut eintritt, ist überhaupt keine Lichtempfindung vorhanden; man bezeichnet diese Stelle daher als *blinden Fleck*.

Wie schon auf S. 2 erwähnt wurde, grenzt die aus Hornhaut, Kammerwasser und Linse bestehende Flächenfolge des Auges an zwei verschiedene Mittel, nämlich vorn an Luft und hinten an den Glaskörper des Auges. Ihre beiden Brennweiten sind also verschieden; es ist eine vordere, kürzere Brennweite (gegen Luft) von einer hinteren, längeren (gegen den Glaskörper) zu unterscheiden. Setzt man ein Durchschnittsauge im Ruhezustande[1] voraus, so beträgt im Mittel seine vordere Brennweite 17,1, seine hintere 22,8 mm. Mit Hilfe des auf S. 3 angegebenen Verfahrens würden sich also Bildgröße und -lage für diese an zwei verschiedene Mittel grenzende Flächenfolge ohne besondere Schwierigkeiten ermitteln lassen.

Ein gesundes Auge ist im allgemeinen als eine *ausgerichtete* Folge von *Drehflächen* anzusehen, da die Abweichungen von diesem Zustande so gering sind, daß sie auf dieser Stufe nicht behandelt zu werden brauchen; die Augenachse geht durch den Linsenscheitel, steht senkrecht auf der Mitte des Irislochs und durchstößt die Netzhautgrube. Eine Strahlenvereinigung in strengem Sinn (Hebung der Kugelabweichung) findet nicht einmal für die Bündel aus den Achsenpunkten statt, sondern es bilden sich auf der Netzhaut *Abweichungsflecke*. Von besonderer Bedeutung sind diese bei der Betrachtung heller Punkte auf dunklem Untergrunde. Infolge der nicht spannungsfreien Aufhängung der

---

[1] Ein *rechtsichtiges* (emmetropisches) Auge im Ruhezustande sammelt die von entfernten Dingpunkten ausgesandten Strahlen auf der Netzhaut; ist der Augapfel zu lang gebaut, so daß die Strahlen vorher im Glaskörper vereinigt werden, so nennt man das Auge *kurzsichtig* (myopisch), ist er zu kurz, so daß sich die Strahlen erst hinter der Netzhaut vereinigen würden, so nennt man das Auge *übersichtig* (hypermetropisch). Der Grund dieser *Fehlsichtigkeiten* (Ametropien) liegt hauptsächlich in einer regelwidrigen Verlängerung der Augenachse bei Kurzsichtigen, in einer regelwidrigen Verkürzung bei Übersichtigen (*Längenfehler*, Achsenametropien).

Linse am Ziliarkörper ergibt sich dabei ein vier- oder achtstrah-
liger *Stern,* den A. GULLSTRAND wissenschaftlich erklärt hat. Daß
die Abweichungsflecke die Sehschärfe nicht mehr stören, liegt
erstens daran, daß sich die Irisöffnung bei heller Beleuchtung
zusammenzieht und mit der Öffnung der Bündel auch die Größe
der Abweichungsflecke verringert; zweitens aber ist die Lichtverteilung in dem Abweichungsfleck durchaus nicht gleichmäßig,
und der hellste, für die Gesichtswahrnehmung wichtigste Teil
ist nur klein. Die Fehler *schiefer Bündel* aber sind darum nicht
sehr auffällig, weil, wie soeben erwähnt, die Empfindlichkeit
der Netzhaut nach außen hin rasch abnimmt. Auch von *Farben*
ist die Flächenfolge des Auges *nicht frei,* sie zeigt Farbenfehler
gleicher Art wie eine einfache Sammellinse. Diese fallen nicht
sehr auf, weil das Menschenauge nur für einen verhältnismäßig
schmalen Farbenbezirk, die gelben und grünen Strahlen, sehr
empfindlich ist. Die von den roten und blauen Strahlen her-
rührenden Farbränder werden in der Regel nicht beachtet.

Die Strahlenbegrenzung wird von der Iris bewirkt, die durch
den *Schließmuskel* so geöffnet und zusammengezogen werden
kann, daß ihre Öffnung stets kreisrund und zur Augenachse
ausgerichtet bleibt. Diese Änderung der Öffnung regelt die Licht-
zufuhr. Bei großer Helligkeit zieht sich die Öffnung bis auf einen
Durchmesser von etwa 2 mm zusammen, bei Dunkelheit dehnt
sie sich auf 6 bis 10 mm aus. Später soll noch ein anderer Grund
für die Änderung des Öffnungsdurchmessers angegeben werden;
wir können ihn jetzt noch nicht besprechen, weil wir vorläufig
die Flächenfolge des Auges als in sich unveränderlich ansehen.

Außer der Irisöffnung ist beim Auge in dem früher eingeführten
Sinne keine Blende vorhanden, die die auf der Dingseite der Irisöffnung zugeordnete Augenpupille in ihrer Wirksamkeit stören
könnte. Die Bestimmung des Abbildes macht also keinerlei
Schwierigkeiten; bei einem rechtsichtigen Auge liegt die Einstellebene im Unendlichen. Das Gesichtsfeld des Auges ist sehr groß;
nach außen hin wird es nur durch Wange und Nase beschränkt.
Im Augeninnern reicht die Lichtempfindlichkeit der Netzhaut
ungemein weit; selbst senkrecht zur Augenachse eintretende
Strahlen rufen noch einen Lichtreiz hervor. Wie schon auf S. 18
hervorgehoben wurde, ist aber die Genauigkeit, mit der Reize
zum Bewußtsein kommen und auf die Außenwelt bezogen werden,
sehr gering, sobald man sich nur etwas von dem gelben Fleck
nach den Seiten entfernt.

Jeder Hauptstrahlneigung $w$ auf der Dingseite entspricht
(Abb. 11) ein gewisser Abstand $od$ des Bildpunkts $d$ von dem
Achsenpunkte $o$ der Netzhaut, und bei der Reizung einer solchen

Stelle *d*, die ja nicht wahrgenommen wird, sondern die Empfindung vermittelt, wird der Reiz in der Richtung des von außen in das Auge tretenden Hauptstrahls gesucht. Das hier unbewegt und in sich ungeändert vorausgesetzte Auge kann einzig *Richtungen* wahrnehmen, die von der Mitte *P* der Augenpupille ausgehen, also Winkelgrößen. Zwei Gegenstände $OD$ und $O_1D_1$, die von der Mitte der Augenpupille aus mit der Augenachse die gleichen Winkel *w* bilden, erscheinen gleich groß; sie haben, wie man sich

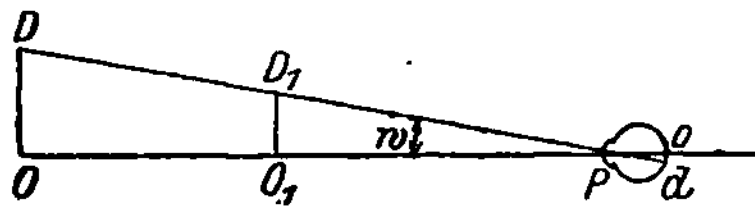

Abb. 11 aus S. 541 des BERLINERschen Lehrbuches. Zum Sehen mit ruhendem Auge. *w* Hauptstrahlneigung oder Gesichtswinkel, *od* der dem Gesichtswinkel *w* entsprechende Bogen der Netzhaut.

ausdrückt, die gleiche *scheinbare Größe*. Gemessen wird diese durch die trigonometrische Tangente des Gesichtswinkels *w* oder durch den Bruch

$$\text{Scheinbare Größe} = \frac{\text{Höhe}}{\text{Entfernung zwischen Gegenstand und Pupille}}.$$

Läßt man bei einer festen Entfernung die Höhe des betrachteten Gegenstandes mehr und mehr abnehmen, oder entfernt man sich von einem bestimmten Gegenstande mehr und mehr, so kommt man schließlich dahin, daß man an dem Gegenstande keine Höhenausdehnung mehr wahrnimmt; er erscheint dann von unbestimmter Gestalt, punktförmig. Wurde er etwa von zwei Punkten gebildet, so lassen sich diese nicht mehr trennen, sie erscheinen wie ein einziger. Den so bestimmten Winkel *w* bezeichnet man als *Winkelmaß der Sehschärfe* und nimmt als seinen Mittelwert eine Bogenminute an. Der oben angegebene Bruch hat dann einen Wert von

$$\text{tg}\,1' = \frac{\text{Höhe}}{\text{Entfernung}} = \frac{1}{3438}.$$

Das bedeutet: An Gegenständen, die aus dem 3438fachen ihres größten Durchmessers betrachtet werden, kann ein Auge von mittlerer Sehschärfe keine Einzelheiten der Form mehr wahrnehmen, vorausgesetzt, daß sie nicht besonders günstig beleuchtet sind. Für ein Markstück mit 24 mm Durchmesser würde diese Entfernung 82,5 m betragen. Es mag darauf hingewiesen werden, daß es sich hier um eine sehr alte Erkenntnis zur Leistungsfähigkeit des Auges handelt. Sie ist schon von dem griechischen Mathematiker EUCLID (um 300 v. Chr.) in sein Lehrbuch der Optik aufgenommen worden. Diesem Winkelmaße der Sehschärfe entspricht auf der Netzhautgrube als Ursache der mittlere Abstand *a* zweier Empfindungseinheiten oder der durchschnittliche

Durchmesser einer Empfindungseinheit (eines Zäpfchenendes), der sich nach den obigen Angaben über die Brennweite des Auges und das Winkelmaß der Sehschärfe zu 0,00496 mm berechnet, was durch den Befund an der Leiche bestätigt wird (Abb. 12).

E. Hering hat aber darauf aufmerksam gemacht, daß bei der Annahme einer maschenartigen Anordnung der Zäpfchenenden, wie sie später von dem Kieler Augenforscher L. Heine nachgewiesen wurde, Verschiebungen gerader Linien gegeneinander noch wahrgenommen werden können, die weit unter die Grenze der mittleren Sehschärfe heruntergehen. Aus der obenstehenden Abb. 13 wird es klar, daß bei einer solchen Anordnung auch dann entschieden werden kann, ob die eine Linie die Fortsetzung der andern bildet, wenn der Abstand der beiden gereizten Zäpfchenreihen den Wert von 4,96 $\mu$ noch nicht erreicht.

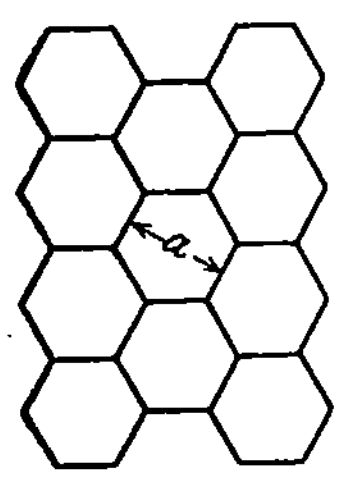

Abb. 12. Zur Sehschärfe desMenschenauges. *a* der mittlere Abstand zweier Zäpfchenenden.

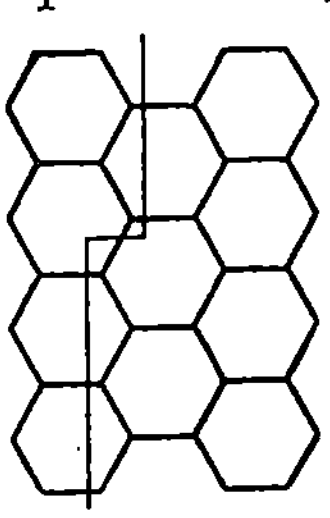

Abb. 13. Zur Schärfe der Breitenwahrnehmung.

Die Feststellung solcher Verschiebungen ist bei einer an feineren Teilungen häufig vorkommenden Vorrichtung, dem Nonius[1] oder Vernier[2], von großer Bedeutung, und verschiedene Beobachter haben solche Breitenverschiebungen noch sicher festgestellt, bei denen sich eine scheinbare Größe von nur 10 Bogensekunden ergab. Als mittlere Schärfe der Breitenwahrnehmung sei hier ein Betrag von einer halben Bogenminute angenommen.

Die soeben besprochenen Eigenschaften des Auges als eines unbewegten, in sich unveränderten Gliedes unseres Körpers würden fast alle auch einem aus seiner Höhle entfernten toten Auge zukommen. Daß bei einem solchen die Pupillenöffnung nicht der Helligkeit entsprechend geändert werden kann, stört die Gültigkeit der vorangegangenen Überlegungen nicht, weil bei dieser Änderung der Ort der Pupille der gleiche blieb. Von den unterscheidenden Merkmalen des lebenden Auges sei zunächst behandelt:

**b) Das Akkommodationsvermögen des Auges.** Das noch nicht greisenhafte Auge besitzt die Fähigkeit, die beiden Linsenflächen stärker zu krümmen und dadurch die Brechkraft seiner Flächenfolge in gewissen Grenzen zu verändern. Die ersten Arbeiten

---

[1] Benannt nach Pedro Nuñez, der seine nicht sehr handliche Ablesevorrichtung 1542 veröffentlichte.

[2] Benannt nach Pierre Vernier, der 1631 seine unserer heutigen Vorkehrung entsprechende Einrichtung veröffentlichte.

darüber veröffentlichte Chr. Scheiner S. J. im Jahre 1619.
Nach den Messungen nehmen bei dieser Änderung die Werte
für die Brennweiten ab von 17,1 und 22,8 mm auf 14,2 und
18,9 mm; so kann der Mensch Gegenstände in sehr verschiedener
Entfernung zwar nicht gleichzeitig, aber schnell nacheinander
deutlich sehen. Diese Fähigkeit nennt man das *Akkommodationsvermögen* (etwa Einstellfähigkeit). Nennt man den fernsten Punkt,
der im Ruhezustande des Auges oder bei entspannter Akkommodation deutlich gesehen werden kann, den *Fernpunkt* und den
nächsten *Nahpunkt*, so liegt bei dem rechtsichtigen Auge[1] der
Fernpunkt im Unendlichen, der Nahpunkt aber vor dem Hornhautscheitel in einer endlichen Entfernung, die mit dem Alter
wächst: von 10 cm bei Zwanzig- bis auf 22 cm bei Vierzigjährigen.
Den Abstand zwischen Fern- und Nahpunkt nennt man das
*Akkommodationsgebiet.*

Mit zunehmendem Alter nimmt das Akkommodationsvermögen
noch weiter ab, und der Nahpunkt entfernt sich immer weiter
vom Auge; ja bei früher rechtsichtigen Personen über Fünfzig
bleibt auch der Fernpunkt nicht mehr im Unendlichen liegen,
sondern erhält einen positiv zu rechnenden Abstand vom Auge;
mit andern Worten können ferne Gegenstände von solchen Augen
nur dann ohne Akkommodationsanstrengung deutlich wahrgenommen werden, wenn sie durch ein schwaches Brillenglas gleichsam hinter dem Kopfe in eben jenem positiv zu rechnenden Abstande von dem Auge abgebildet werden. Den soeben beschriebenen Zustand nennt man *Alterssichtigkeit* (Presbyopie), und er
stört dadurch besonders, daß nahe Gegenstände mit unbewaff-
netem Auge nicht mehr deutlich wahrgenommen werden können.

Bei der Akkommodation krümmen sich beide Linsenflächen[2]
stärker, und dabei wird die Iris nach vorn geschoben. Außerdem

---

[1] Beim kurzsichtigen Auge sind beide Punkte zugänglich (reell) und
liegen in einer *gegen* die Lichtrichtung zu messenden (also negativ zu rechnenden) Entfernung vom Auge im Endlichen; beim übersichtigen Auge
kann es vorkommen, daß überhaupt kein zugänglicher Punkt auf der
Netzhaut deutlich abgebildet wird. Dann können nur solche Punkte, die
von schwachen Sammellinsen gleichsam hinter dem Kopfe abgebildet
werden würden, deutliche Netzhautbilder geben; in diesem Falle sind
Fern- und Nahpunkt unwirklich (virtuell) und liegen in einer *mit* der Lichtrichtung zu messenden (also positiv zu rechnenden) Entfernung vom Auge
im Endlichen. Das gilt vom Fernpunkt des übersichtigen Auges immer.

[2] Zu gleicher Zeit nimmt auch die Dicke der Augenlinse zu, indem sich
ihre Schichten (s. S. 17) anders lagern. Die Brechkraft der Augenlinse wird
nicht nur darum größer, weil die Außenkrümmungen zunehmen, sondern
auch weil die Linsenbrechzahl (S. 17) einen merklich höheren Wert erhält
als bei entspannter Akkommodation. Bei ihrer äußersten Anspannung
ergibt sich ein Wert von 1,4263. Die große Zunahme der Brechkraft durch

verengt sich auch bei ungeänderter Helligkeit, wie zuerst J. KEPLER 1604 gelegentlich bemerkte, die Iris bei der Akkommodation auf *nähere* Gegenstände und *erweitert* sich bei der Einstellung auf *fernere*.

Es hat zunächst den Anschein, als ob sich für das akkommodierende Auge nur sehr schwierig Lage und Größe der Bilder feststellen ließe. Das verhält sich aber nicht so, weil die Hauptpunkte der Flächenfolge des Auges bei der Akkommodation ihre Lage nahezu beibehalten, und weil ferner die Netzhaut immer im gleichen Abstande vom hinteren Hauptpunkte bleibt.

Läßt man nun die soeben erwähnte sehr kleine Verschiebung der Iris bei der Akkommodation außer acht und nimmt ferner der Einfachheit wegen an, die Augenpupille falle bei jedem Akkommodationszustande mit dem vorderen Hauptpunkte zusammen, so läßt sich zeigen, daß auch bei der Annahme eines akkommodierenden Auges die Größe des Netzhautbildes dem Neigungswinkel $w$ des dingseitigen Hauptstrahls entspricht. An der Perspektive des Abbildes wird also unter diesen Voraussetzungen durch die Akkommodation nichts geändert, weil sich die Richtung der die Perspektive entwerfenden Hauptstrahlen nicht merkbar ändert.

Es könnte weiterhin scheinen, als ob das akkommodationsfähige Einzelauge außer dieser Richtung des Hauptstrahls auch die Entfernung der gerade gewählten Einstellebene, und zwar diese aus der Akkommodationsanstrengung, beurteilen könne. Das gilt aber nur für sehr nahe Gegenstände. Offenbar entscheidet das Winkelmaß der Sehschärfe auch über die Genauigkeit der Akkommodation: solange die bei unrichtiger Einstellung auftretenden Zerstreuungskreise kleiner sind als der 3438. Teil der Entfernung zwischen Augenpupille und Einstellebene, so lange können sie überhaupt nicht wahrgenommen werden, und es wird kein Grund zur Akkommodation vorliegen.

**c) Das blickende Auge.** Eine weit tiefer einschneidende Abweichung von der im Anfange festgehaltenen Annahme ruhender Instrumente bietet sich aber dar, wenn die beim gewöhnlichen Sehen stets auftretende Beweglichkeit des Auges in seiner Höhle berücksichtigt werden soll.

Wenn die Aufmerksamkeit des Beobachters auf einen bestimmten Punkt gerichtet wird, so bewegt er seinen Augapfel so, daß das Bild dieses Punktes auf die Netzhautgrube fällt. Von dieser Ge-

---

Akkommodation, die es z. B. einem Zwanzigjährigen gestattet, Gegenstände deutlich zu sehen, die sich zwischen den Grenzen von 10 cm und unendlich befinden, läßt sich bei einer so mäßigen Formänderung nur durch den geschichteten Bau erreichen, dessen Zweckmäßigkeit erst durch GULLSTRAND aufgedeckt worden ist.

wohnheit kann man sich beim natürlichen Gebrauch des Auges überhaupt nicht freimachen, und es bedarf dazu schon einer ziemlichen Übung in der Anstellung von Sehversuchen. Diese Gewohnheit erklärt es auch, warum dem unbefangenen Beobachter die geringe Bildgüte auf den Außenteilen der Netzhaut, das Vorhandensein eines blinden Flecks u. a. m. entgeht, er benutzt die Lichtempfindlichkeit der Randteile der Netzhaut hauptsächlich nur dazu, einen Anhalt für seine Augenbewegungen zu haben und danach sein Auge schnell auf den Punkt zu richten, der seine Aufmerksamkeit fesselt. Zur Bewegung des Augapfels dienen sechs verschiedene Augenmuskeln, die so wirken, daß der Augapfel in seiner Höhle wie in einem Kugelgelenk gedreht wird. Der

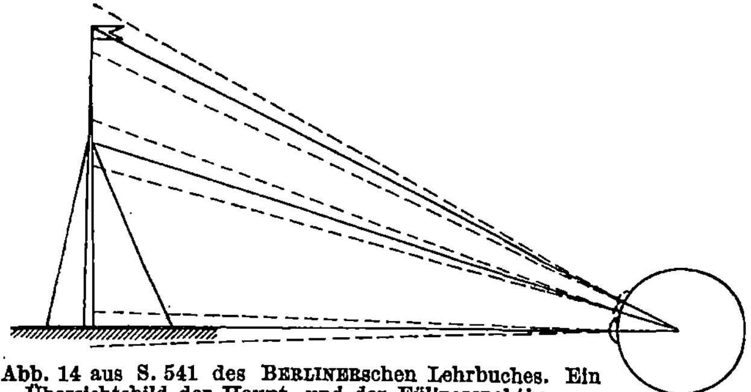

Abb. 14 aus S. 541 des BERLINERschen Lehrbuches. Ein Übersichtsbild der Haupt- und der Füllperspektiven.

Der Augapfel (in ganz unrichtigen Größenverhältnissen) ist in drei Lagen dargestellt worden, wenn nacheinander Fuß, Mitte und Spitze des Flaggenstocks ins Auge gefaßt werden. Die scheinbare Größe dieser drei Abschnitte wird offenbar nach der Drehung um den Augendrehpunkt beim Blicken beurteilt. Für die Zwischenteile (nach der Voraussetzung dem Beschauer weniger wichtig) treten die roh angedeuteten Füllperspektiven ein, die von der jeweiligen Lage der Pupillenmitte aus entworfen werden. Wie weit sie sich erstrecken, ist schwer zu entscheiden; es wurde auf der Zeichnung unbestimmt gelassen.

Mittelpunkt dieser Bewegung, der *Augendrehpunkt*, liegt etwa 13 mm hinter dem Hornhautscheitel oder etwa 10,5 mm hinter der Augenpupille (Abb. 14). Handelt es sich, wie im folgenden immer, um ein Gesichtsfeld von größerer Winkelausdehnung, so bezeichnet man diesen Vorgang, bei dem das Auge ruckweise auf die *ins Auge gefaßten* (*fixierten*) Punkte hin gerichtet wird, als *Blicken* oder *direktes Sehen* und stellt es dem früher besprochenen *Sehen mit ruhendem Auge* gegenüber, das ja nach S. 19 für dieses größere Gesichtsfeld nur ein *indirektes Sehen* sein kann. Denn das ruhende Auge vermag nur einen einzigen Punkt, etwa die Mitte des Feldes, zu fixieren und muß das ausgedehnte Gesichtsfeld notgedrungen im indirekten Sehen betrachten. Daher entspricht im folgenden (unter stillschweigender Voraussetzung eines Feldes von beträchtlicher Winkelausdehnung) indirektes

Sehen dem Sehen mit ruhendem Auge und Blicken oder direktes
Sehen dem Sehen mit bewegtem Auge. Die Verbindungslinie eines
bestimmten Punktes mit dem Augendrehpunkt heißt die *Blick-
linie*, und es soll hier angenommen werden, daß sie mit der Augenachse zusammenfällt, wenn dieser Punkt ins Auge gefaßt wird.
Auf Grund dieser Annahme, die mit einer für unsere Darstellung
genügenden Annäherung gilt, ist allen bei ruhiger Kopfhaltung
möglichen Blicklinien ein Punkt gemeinsam, der Drehpunkt des
Auges. Er dient somit für das blickende Auge als *perspektivisches
Zentrum*. Während also, soweit deutliches Sehen in Frage kommt,
für den kleinen Gesichtswinkel, der dem gelben Fleck entspricht,
die Perspektive des indirekten Sehens gilt, wie sie durch die
Mitte der Augenpupille bestimmt wird, ist für das im allgemeinen
viel wichtigere Blicken das perspektivische Zentrum der etwa
10,5 mm hinter der Augenpupille gelegene Augendrehpunkt. —
Erkenntnis und Darstellung dieser Sachlage wurden 1604 von
J. KEPLER begonnen und 1619 durch den Jesuiten CHR. SCHEINER
vollendet. Die so entwickelte Lehre ging aber der Wissenschaft
wieder verloren und wurde erst 1825/26 wieder von J. MÜLLER
und 1836 von A. W. VOLKMANN ohne Kenntnis von ihren Vor-
gängern aufgenommen und nunmehr zum bleibenden Besitz der
Wissenschaft.

Man kommt also zu der Einsicht, daß beim Betrachten eines
Raumdinges von beträchtlicher scheinbarer Größe in jedem Augenblick zwei perspektivische Zentren maßgebend sind: ein wichtiges, ruhendes für die nacheinander ins Auge gefaßten (fixierten)
Punkte — der Augendrehpunkt — und ein unwichtigeres, wan-
derndes — die bewegte Augenpupille —, demzufolge sich die
nicht genauer beachteten Teile in der Umgebung der fixierten
Punkte auf der Netzhaut darstellen. Diese „Füllperspektiven"
überdecken sich an ihren Rändern gegenseitig, ohne indessen
für die Gesichtswahrnehmung größeren Schaden anzurichten, weil
eben alle wichtigeren Punkte durch die Blicklinien bestimmt
sind. Daß diese ziemlich verwickelten Verhältnisse bei der Betrachtung von Raumdingen nicht mehr auffallen, liegt an verschiedenen Ursachen: hauptsächlich fehlt wohl die Übung im
indirekten Sehen, doch kommt auch hinzu, daß für etwas weiter
entfernte Gegenstände der Abstand von 1 cm, um den Pupille
und Drehpunkt eines Auges voneinander getrennt sind, nicht
genügt, um die Folgen auffällig werden zu lassen. Aus diesem
Grunde wird man sich auch wohl davor hüten müssen, der Verschiedenheit der beiden Perspektiven, der Hauptperspektive und
der Füllperspektiven, ein größeres Gewicht für die Tiefenwahrnehmung des Einzelauges beizulegen.

Da das Auge gewöhnt ist, Bewegungen um den Drehpunkt leicht auszuführen, so kann man beim Blicken nicht von einer bevorzugten Achsenrichtung sprechen. Die Herstellung des Abbildes ist also für das bewegte Auge willkürlich, weil die Neigung der Einstellebene nicht bestimmt ist. Man kann sich dabei aber so helfen, daß man die Richtung nach einem mittleren (meist in Augenhöhe gelegenen) Blickpunkte bevorzugt, und auf ihr in diesem Punkte die (meist lotrechte) Einstellebene errichtet.

Hier sei noch ein kurzer Hinweis auf die Verhältnisse des Sehens durch enge Öffnungen eingeschaltet, weil sie später für einige optische Vorkehrungen von Wichtigkeit werden. Will man beispielsweise ein Zimmer durch ein enges Schlüsselloch über sehen, so ist es in der Regel untunlich, den Drehpunkt des Auges ganz nahe an das Schlüsselloch zu bringen, und dies dann das Gesichtsfeld begrenzen zu lassen. Wie man aus Abb. 15a ersieht, käme der dem Auge fernere Rand dafür in Frage, und das Gesichtsfeld würde namentlich in wagrechter Richtung nur wenige Grade betragen. In diesem Falle hilft man sich nach Abb. 15b unwillkürlich dadurch, daß man Kopf- und Augenbewegungen zusammen vornimmt. Diese Drehungen des Auges in seiner Höhle ergeben dann die Neigungen $w$ der Hauptstrahlen, die mitten durch das Schlüsselloch hindurchgehen. Dieser Fall ist darum wichtig, weil hier innerhalb eines größeren Winkels die Perspektive von der Haltung des Auges ganz unabhängig ist. Ab und zu ist auch eine solche Einrichtung für Gemälde getroffen worden, um die richtigen Gesichtswinkel bei der Betrachtung zu erzwingen; dieser Fall findet sich namentlich, wie später gezeigt werden wird, bei bestimmten optischen Instrumenten (S. 37, 56, 65, 97) verwirklicht.

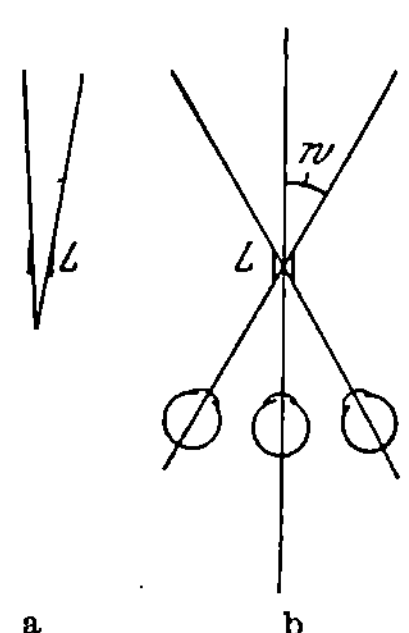


Abb. 15. Zum Sehen durch enge Öffnungen.

a) Bei ruhiger Kopfhaltung wird der Blickwinkel durch den Augendrehpunkt und den entfernten Rand des Loches $L$ bestimmt, b) bei bewegtem Kopfe und bewegtem Auge durch die Öffnung $L$ allein.

**d). Das Auge und das Abbildsbild.** Schon sehr früh trat der Wunsch auf, das Gesehene mit Stift oder Pinsel naturgetreu wiederzugeben. Ganz allmählich entwickelte sich als Lösung dieser Aufgabe die Lehre von der Zentralprojektion oder der Perspektive. In der hier angewandten Sprechweise lautet diese Aufgabe: Es ist für das blickende Auge von dem Abbild in der Einstellebene auf der ebenen Zeichen- oder Malfläche ein ähnliches (meist verkleinertes) Bild zu schaffen. Infolge dieser Ähnlichkeit kann es an einer bestimmten, aus dem Maßstab abzu-

leitenden Stelle zwischen das Raumding und den Augendrehpunkt eingeschaltet werden und ersetzt dann, wenn der erforderliche Abstand nicht kleiner ist als der des Nahpunkts, für das
betrachtende blickende Einzelauge das Raumding völlig, soweit
seine scheinbare Größe in Betracht kommt. Die Füllperspektiven
weichen allerdings von denen am Raumding ab, doch ist oben
ihre geringere .Bedeutung betont worden. Daß diese einseitige
Berücksichtigung des Blickens ihren Zweck erfüllt, darauf braucht
nur hingewiesen zu werden; gute Gemälde liefern Beweise genug.

Nach der ganzen Lehre vom Abbild und seinem Bilde muß
man den richtigen Ab-
stand des Augendreh-
punkts von dem .Ab-
bildsbild einhalten,
wenn sich ein natur-
getreuer Eindruck er-
geben soll.. Gröbere
Seitenabweichungen
von dieser Stelle wer-
den in der Regel von
selber vermieden, weil
man diese Darstellun-
gen meist so begrenzt,
daß das Auge ungefähr
vor ihre Mitte gebracht
werden muß, häufig
aber kommt eine un-
richtige Wahl des Ab-
standes von dem Bilde
vor. Die Folgen solcher
Eigenmächtigkeit sind

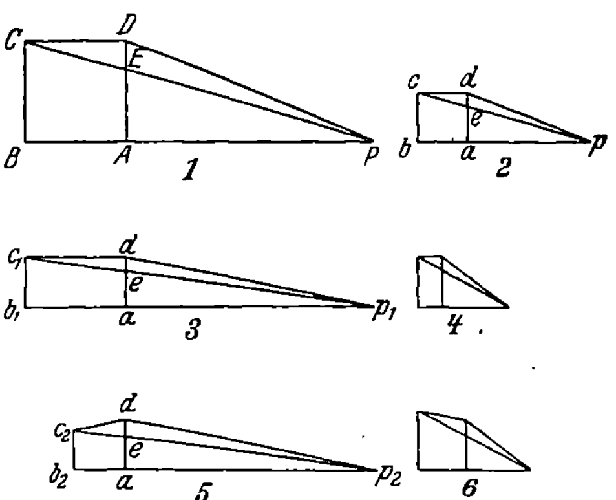

Abb. 16. Zum Einfluß der Gesichtswinkel auf die Deutung
perspektivischer Darstellungen.

*1.* Der Entwurfsvorgang bei der Entstehung des Abbildes.
*2.* Die Betrachtung des Abbildsbildes aus dem richtigen
Abstande. *3.* [*4.*] Die Vertiefung [Abflachung] des als
rechtwinklig erkannten Gebildes infolge eines zu weiten
[zu nahen] Augenortes. *5.* [*6.*] Die Verkleinerung [Ver-
größerung] des Hintergrundes infolge eines zu weiten [zu
nahen]Augenabstandes bei Kenntnis der Tiefenerstreckung.

schon früh, so von J. H. LAMBERT in der zweiten Hälfte des
18. Jahrhunderts, untersucht worden.

Es sei (Abb. 16, *1*) der Entwurf einer Würfelfläche wiederholt,
wobei das perspektivische Zentrum in der Verlängerung von $AB$
angenommen sei. Die Einstellebene gehe durch $AD$, so daß $E$
den Punkt $C$ vertreten mag. Wird nun (Abb. 16, *2*) ein verkleinertes (beispielsweise im halben Maßstabe angefertigtes) Abbildsbild $dea$ so betrachtet, daß der Augendrehpunkt $p$ einen zu $da$
senkrechten Abstand $ap = \frac{1}{2} AP$ hat, so sind die Winkel $dpa$
und $epa$ den entsprechenden bei dem perspektivischen Vorgange
gleich. Wenn man nun weiß, daß $dea$ die perspektivische Darstellung eines rechteckigen Gebildes sein soll, so führt die Ziehung
der Parallelen $dc$ und $ab$ sowie die Verlängerung von $pe$ bis $c$

nach Fällung der Höhe $cb$ zu einem Quadrat, weil die ganze Zeichnung der ersten genau ähnlich ist. Zu demselben Ergebnis würde es führen, wenn man wüßte, daß die Tiefe $ab$ der von zwei Loten begrenzten Fläche ihrer Höhe $da$ gleich wäre. Alsdann würde man ebenfalls aus Ähnlichkeitsgründen haben schließen können, daß der senkrecht über $b$ gefundene Punkt $c$ auf einer durch $d$ gehenden Parallelen zur Basis läge.

Es sei aber nun (Abb. 16, *3*) angenommen, der Augendrehpunkt $p_1$ gelange in einen zu weiten Abstand von dem Abbildsbilde $dea$, so daß die mit diesen Punkten bestimmten Gesichtswinkel $dp_1a$ und $ep_1a$ zu klein ausfallen. Dann sind wieder dieselben beiden Möglichkeiten vorhanden, auf Grund der Erfahrung zu einer Raumanschauung zu kommen. Kennt man die überall gleiche Höhe der Fläche $ABCD$ (etwa als die einer Wand oder Grenzmauer), dann kommt man mittels der Parallelen durch $d$ und der Verlängerung von $p_1e$ auf das Gebilde $ab_1c_1d$, das ist ein Rechteck mit einer Tiefenausdehnung $ab_1$, die in demselben Verhältnis zu groß ist, in dem der tatsächliche Abstand $ap_1$ zu dem richtigen $ap$ steht. Die andere Möglichkeit ist die, daß man (Abb. 16, *5*) aus der Erfahrung über die richtige Tiefenausdehnung $ad = ab_2$ besser unterrichtet ist, alsdann kommt man auf ein Gebilde $ab_2c_2d$, worin die ferneren Gegenstände $c_2b_2$ zu klein erscheinen. Gerade die entgegengesetzten Wirkungen stellen sich (Abb. 16, *4* und *6*) bei einer Vergrößerung der Neigungswinkel (einer Verkleinerung des Betrachtungsabstandes) ein.

Für die ganze Überlegung macht es offenbar keinen Unterschied, ob das betrachtete Bild für sich besteht, also auf einer Zeichen- oder Malfläche greifbar vorliegt, oder gleichsam in der Luft schwebt, wie es eben bei den nicht auffangbaren Bildern der Fall ist, die von den als Augenhilfe dienenden Vorkehrungen (s. S. 35) in der Regel geliefert werden. Das obige Ergebnis folgte ja allein aus der Veränderung der Gesichtswinkel, unter denen das Abbildsbild dem Auge dargeboten wurde. — Es leuchtet ein, daß unter sonst gleichen Umständen die Änderung der Gesichtswinkel einen um so fühlbareren Einfluß auf den Beschauer ausüben wird, je größer der Winkel $2w$ ist, für den das Abbild entworfen wurde.

Faßt man alles zusammen, so kommt man für den Einfluß der Veränderung der Gesichtswinkel (oder unrichtiger Betrachtungsabstände bei greifbaren Abbildsbildern) zu folgendem Ergebnis: Werden bei der Betrachtung eines geometrisch ähnlichen Abbildsbildes eines Raumdinges die Gesichtswinkel verkleinert (wählt man den Betrachtungsabstand zu groß), so liegen alle Bedingungen vor, die Perspektive falsch zu deuten, und zwar kann nach der Erfahrung des Beschauers als Grenzfall sowohl eine entsprechende Vertiefung des ganzen Raumbildes als auch eine Erniedrigung des Hintergrundes eintreten. Bei einer Vergrößerung der Gesichtswinkel (einer Verkleinerung des Abstandes) können die entgegengesetzten Grenzfälle eintreten.

**e) Das Sehen mit beiden Augen.** Handelt es sich, wie meistens, um den gleichzeitigen Gebrauch beider Augen, so wird ein bestimmter Gegenstand oder ein Teil eines solchen ins Auge gefaßt, d. h. beide Augen werden durch die sie bewegenden Muskeln in eine solche Lage gebracht, daß sich die ins Auge gefaßte Stelle (Abb. 17) auf beiden Netzhautgruben abbildet. Den Richtungsunterschied beider Blicklinien nennt man den *Konvergenzwinkel* (Gegenwendwinkel) der Augen. Obwohl beide Netzhäute gereizt werden, wird dieser ins Auge gefaßte Punkt doch einfach gesehen. Andere Punkte erscheinen bei ruhiger Augenhaltung nur dann einfach, wenn sie auf solchen Netzhautstellen abgebildet werden, die zu der zugehörigen Netzhautgrube gleich gelegen sind; man nennt solche Stellen *korrespondierende* (entsprechende). Die alle einfach erscheinenden Dingpunkte enthaltende Fläche nennt man nach FR. AGUILONIUS (1613)

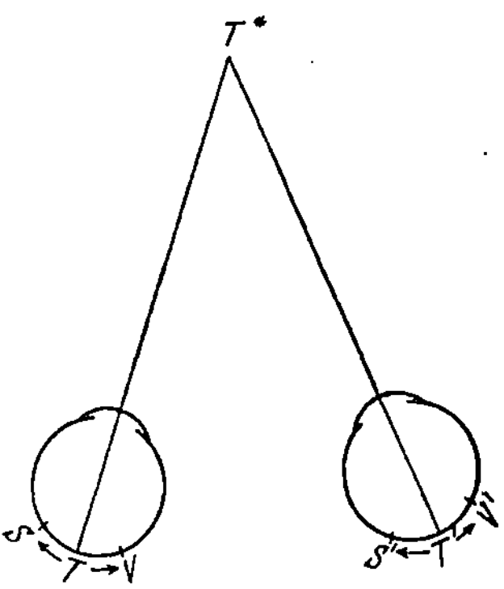

Abb. 17. Zum Gebrauche beider Augen. $\not\prec T\,T^* \,T'$ Konvergenzwinkel für den Punkt $T^*$. $T$, $T'$ Netzhautgrube im linken und rechten Auge. $S$, $S'$; $V$, $V'$ korrespondierende Stellen, da $S\,T = S'\,T'$; $T\,V = T'\,V'$.

den *Horopter*. Die nicht in den Horopter fallenden Dingpunkte erzeugen, da ihre Bilder auf *disparate* (nicht entsprechende) Netzhautstellen fallen, Doppelbilder, die allerdings den in solchen Versuchen nicht geübten Augen meist entgehen. Diese Doppelbilder sind verschiedenartig, je nachdem der sie hervorrufende Dingpunkt näher oder ferner liegt als der ins Auge gefaßte Punkt. Dadurch ist ein Mittel zur Wahrnehmung der Tiefe auch bei ruhenden Augen gegeben. Ein solcher Fall tritt ein bei jäher Beleuchtung des Dingraums, etwa einer Landschaft durch einen Blitz in der Nacht. — Die ersten Untersuchungen über den Horopter und die Beschaffenheit der Doppelbilder sind in sehr schöner Form von CLAUDIUS PTOLEMAEUS (um 150 n. Chr.) veröffentlicht worden. Sie wurden dann, verstümmelt, von arabischen Gelehrten im 11. Jahrhundert aufgenommen, doch erhielt diese Lehre erst durch die sogleich zu besprechenden WHEATSTONE-schen Forschungen einen entscheidenden Anstoß.

Mit Ausnahme ganz seltener Fälle unterrichtet man sich aber über die Tiefenausdehnung der Raumdinge nicht im Sehen mit ruhenden Augen, sondern man faßt schnell nacheinander die verschiedenen auffälligen Punkte des Dingraums ins Auge, wozu man fortwährend die Konvergenz der Augenachsen ändert. Die Tätigkeit der Augenmuskeln wird dabei äußerst fein geregelt, denn die Forderung, mit beiden Augen schnell einen bestimmten Punkt zu fixieren, läuft, geometrisch gesprochen, darauf hinaus, die Augen rasch so zu bewegen, daß (Abb. 18) beide Blicklinien nach dem Dingpunkte $Q$ in einer und derselben Ebene bleiben (der nämlich, die die Augendrehpunkte $Z_l$ und $Z_r$ und den ins Auge gefaßten Dingpunkt $Q$ enthält). Mit der Änderung der Konvergenz ändert sich bei nicht zu alten Leuten mit guten Augen die Akkommodation, indem bei stärkerer Konvergenz die Krümmung der beiden Linsenflächen tiefer wird.

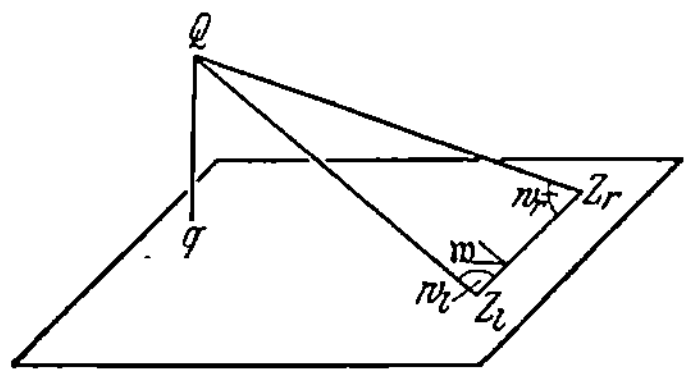

Abb. 18. Die Ebene der Blicklinien nach $Q$. Der Hubwinkel $\mathfrak{w}$; die Seitenwendwinkel $w_l$ und $w_r$ in der Hubebene.

Durch Übung läßt sich allerdings dieser gewohnheitsmäßige Zusammenhang aufheben.

Zu Messungen der *Entfernung selbst* lassen sich die Augen schlecht verwenden, weil das Gefühl für die Bewegungen der Augenmuskeln doch nicht fein genug ist, um bei dem kleinen Abstand (die Entfernung der Augendrehpunkte schwankt nach Alter, Geschlecht und Stammeszugehörigkeit etwa zwischen 50 und 72 mm) die für größere Dingweiten sehr kleinen Konvergenzwinkel zu bestimmen. Handelt es sich aber um zwei Gegenstände, von denen einer ins Auge gefaßt, der andere in nahezu derselben Richtung gesehen wird, so läßt sich ein etwa bestehender Entfernungs*unterschied* durch die Feinheit der Breitenwahrnehmung verhältnismäßig sicher wahrnehmen. Unter Berücksichtigung der angegebenen Zahlen für die Drehpunktsentfernung und bei Annahme einer Schärfe der Breitenwahrnehmung von einer halben Bogenminute liegt der Abstand $a$ vom Beobachter bis zu den sich eben noch von dem unendlich fernen Hintergrunde abhebenden Gegenständen etwa zwischen 350 und 500 m. Man bezeichnet diese Strecke $a$ auch als die *Grenze der Tiefenwahrnehmung im freien Sehen*.

Wird dieselbe Ausdrucksweise benutzt wie beim einäugigen Sehen, so bietet das beidäugige Sehen die Eigentümlichkeit dar, daß von einem mit wanderndem Blicke betrachteten Raumdinge jedem Auge eine verschiedene Perspektive dargeboten wird, deren perspektivisches Zentrum der zugehörige Augendrehpunkt ist.

Vereinigt werden diese beiden, in bestimmter Weise verschiedenen Abbilder bei der Beziehung der Reize auf die Außenwelt, also *nicht* auf optischem Wege. Vielmehr ist es eine notwendige, beim natürlichen Sehen von selbst erfüllte Bedingung, daß zwei verschiedene Abbilder vorhanden sind, die *gesondert* auf je ein Auge wirken. Der erste, der bewußt zwei verschiedene perspektivische Zeichnungen (*Halbbilder*) zu einem *Raumbilde* verschmolz und darauf das Verständnis des beidäugigen Sehens gründete, war der englische Physiker CH. WHEATSTONE (1833); das dazu bestimmte Gerät, das *Stereoskop* (Raumbildrohr), ward von ihm sehr vollkommen durchgearbeitet 1838 veröffentlicht. Die bekannteste Ausführungsform hatte zwei ebene Spiegel, je einen zwischen jedem Halbbild und dem zugehörigen Auge. In neuerer Zeit, 1905, änderte der Dijoner Chemiker L. PIGEON das WHEATSTONEsche Stereoskop sehr glücklich; er kam dabei mit der Spiegelung eines einzelnen Halbbildes aus, während das andere unmittelbar betrachtet wird.

# B. Brillen und Lesegläser.

Die seit dem Ausgange des 13. Jahrhunderts bekannten Brillengläser sollen unter Umgehung der einfachen *Schutz*brillen hier behandelt werden als zur Hebung eines Augenfehlers *dauernd* getragene Zusatzlinsen. Sie befinden sich zweckmäßig 12 mm vor dem Hornhautscheitel und werden deshalb in einem, in der Regel für beide Augen bestimmten *Brillen-* oder *Klemmer*gestell angebracht; *Eingläser* (Monokel) — seit dem Anfang des 19. Jahrhunderts in England bekannt geworden — werden viel seltener getragen[1]. Man sollte bei der Anpassung der Brillen oder Klemmer darauf achten, daß die Achse des Brillenglases durch den Augendrehpunkt gehe, das Brillenglas also *zentrisch* oder *achsenrecht* angepaßt sei.

a) **Die Fernbrillen** für achsensymmetrische fehlsichtige Augen. Nach S. 18[1] kommt in solchen Augen das Bild des fernen Achsenpunkts nicht auf der Netzhaut zustande, und der der Netzhaut zugeordnete Fernpunkt liegt nach S. 22[1] in endlicher Entfernung vom Auge. Das Fernbrillenglas hat den fernen Achsenpunkt im Fernpunkt des unterstützten Auges abzubilden. Dazu bedarf man nach S. 22[1] bei kurzsichtigen Augen eines *zerstreuenden* (negativen), bei übersichtigen eines *sammelnden* (positiven) Glases. Abgestuft

---

[1] Näheres wolle man dem 372. Bändchen der Teubnerschen Sammlung Aus Nat. u. Geistesw. entnehmen (v. ROHR, M.: Das Auge und die Brille, 2. Aufl.), wo der vorliegende Gegenstand ausführlicher behandelt werden konnte.

werden die Brillengläser vorteilhaft nach dem *Scheitelbrechwert,*
d. h. dem reziproken oder Kehrwert $A_\infty$ des Abstandes zwischen
Brillenscheitel und augenseitigem Brillenbrennpunkt; diese Ab-
stufung wird heute stets in *Dioptrien* (dptr) angegeben. Es gilt
1 dptr $=$ 1/1 m, und die bei Vollaugen häufiger vorkommenden
Werte des Scheitelbrechwerts liegen für Kurzsichtigkeit etwa
zwischen $-20$ und 0 dptr, für Übersichtigkeit zwischen 0 und
$+8$ dptr.

Das mit dem Fernbrillenglase bewaffnete Auge muß wie ein
rechtsichtiges Auge beim Betrachten naher Gegenstände akkommodieren. — Ist durch eine passende Formänderung (*Durchbiegung*) der Astigmatismus schiefer Bündel (s. S. 16) des Brillenglases für den Ort des Augendrehpunkts (er liegt bei der obigen
Anpassung 25 mm vom augennahen Brillenscheitel entfernt) gehoben, d. h. für eine bestimmte endliche Blickneigung ($w' = 30^0$,
$35^0$) zu Null gemacht, so ist die Abbildung auch bei kleineren
Augendrehungen deutlich, und man spricht nach A. GULLSTRAND
von *punktuell abbildenden* Gläsern.

**b) Die Nahbrillen** (Presbyopenbrillen). Da man (S. 22) im
Lauf der Zeit immer schlechter akkommodiert, so muß etwa mit
45 Jahren der Rechtsichtige oder der seine Fernbrille tragende
Fehlsichtige zu einer *Nahbrille* greifen, wenn er im Abstande
von 25 bis 30 cm deutlich sehen will. Eine solche hat für Über-
sichtige einen höheren, für Kurzsichtige einen geringeren Scheitelbrechwert als die Fernbrille. Auch bei Nahbrillen läßt sich durch
eine passende Durchbiegung der Astigmatismus schiefer Bündel
in dem obigen Sinne heben, also für sie eine *punktuelle Abbildung*
erzielen. — Solchen Arbeitsbrillen nahe stehen die *Lesegläser*: es
sind das einfache, ziemlich große, gestielte Sammellinsen, die
vorübergehend eine stärkere Vergrößerung des Netzhautbildes
möglich machen als die dauernd getragenen Nahbrillen. Man
gebraucht die Lesegläser gern vorübergehend bei feineren Schaudingen, z. B. beim Betrachten von Landkarten.

Verbindet man an einem und demselben Brillenglase zwei
Wirkungen so, daß der obere Teil des Glases dem Sehen in die
Ferne, der untere dem Sehen in die Nähe dient, so erhält man
ein *Zweistärkenglas* (Bifokalglas); ein solches wurde zuerst wohl
von BENJAMIN FRANKLIN 1784 angegeben. Die Mittel dazu sind
mannigfach. Es kamen oder kommen vor neben der einfachen
*mechanischen Verbindung,* wie sie B. FRANKLIN wählte, das *Ver-
kitten* eines kleineren Glases mit der Trägerlinse, besonders aber
das *Anschleifen* einer dritten Fläche an einem Teile der Vorder-
oder Hinterfläche und das *Einschmelzen* einer Linse von höherer
Brechung in die Masse der Trägerlinse, wie es namentlich in

Nordamerika geschieht. — Denselben Zwecken wie das Zweistärkenglas dient der dem Fernbrillenglas vorgeschaltete *Vor-
hänger*. Er ist besonders in der letzten Zeit in Deutschland ausgebildet worden.

**c) Die Starbrillen.** Bei dem grauen Star trübt sich die Linse
des Auges, und es tritt Erblindung ein. Man kann aber dem
Licht dadurch wieder Zutritt zur Netzhaut verschaffen, daß man
die undurchsichtige Linse aus dem Strahlengang bringt („den
Star sticht") oder ganz und gar entfernt. Bei einem solchen
*linsenlosen* (aphakischen) Auge bedarf man zum Sehen in die
Ferne allermeist eines Sammelglases mit einem Scheitelbrechwert
von etwa 11 dptr, wenn man vorher rechtsichtig war; für das
Lesen genügt in der Regel ein Scheitelbrechwert von 14 dptr.

Hat man linsenlose Augen durch einfache Brillengläser für
die Ferne berichtigt, so werden die Netzhautbilder größer, d. h.
nach einer gelungenen Linsenentfernung leisten die mit passenden
einfachen Brillengläsern versehenen Augen mehr als vorher.

Für punktuell abbildende Starlinsen muß eine der Grenzflächen eine schwierig auszuführende *asphärische* Form haben.
Solche zuerst von A. GULLSTRAND geforderten Starbrillen sind
als *Katralgläser* bekannt.

**d) Die Fernrohrbrillen.** Bei geringer Sehschärfe lassen sich
größere Netzhautbilder durch punktuell abbildende Fernrohrbrillen erzielen; sie werden nach Art eines holländischen Fernrohrs (S. 64) gebaut (als Fernrohr*fern*- und als Fernrohr*nah*-
brillen) und vergrößern das Netzhautbild bis nahezu auf das
Doppelte. Mit ihnen hat man auch bei Kriegsverletzten schöne
Erfolge erzielt.

**e) Die astigmatischen Brillen.** Ist das Auge aber nicht achsen-
symmetrisch, so vereinigt es auch die von Achsenpunkten ausgehenden achsennahen Strahlen nicht in einem Punkte, sondern
in zwei Brennlinien (S. 106, Abb. 80); es ist selbst nahe der Achse
*astigmatisch* (etwa entspitzend). Um eine deutliche Abbildung
auf der Netzhaut des ruhenden Auges herbeizuführen, muß eine
zweckmäßig gewählte zweiseitig symmetrische Linse (eine mit
einer *zylindrischen* und einer *Kugel*fläche z. B.) vor das Auge
gebracht werden. Gelegentlich ist das jedenfalls im 3., möglicher-
weise sogar schon im 2. Jahrzehnt des 19. Jahrhunderts geschehen; zu umfangreicherer Verwendung kam es aber erst
nach 1860. Ein solches Glas führt in die achsennahen Bündel
astigmatische Fehler von gleicher Größe, aber entgegengesetztem
Zeichen ein, die den Astigmatismus gerade aufheben. Für den Ausgleich des Astigmatismus in der Augenachse bedarf es der Kenntnis seines *Betrages* in Dioptrien und der *Richtung* der Zylinderachse.

Will man hier auch die schiefen Blickrichtungen berücksichtigen, so muß man die astigmatische Linse durchbiegen, und dann wird die zylindrische zu einer *Wulst-* oder *torischen* Fläche. Darunter versteht man eine Fläche, die durch die Drehung eines Kreisbogens um eine in seiner Ebene liegende, aber nicht durch den Kreismittelpunkt gehende Achse entsteht. Die Einhaltung des für die Achsenrichtung vorgeschriebenen Astigmatismus auch für schiefe Blickrichtungen ist bei stärker sammelnden sphäro-torischen Brillengläsern nur *angenähert* möglich; man nennt die den Fehler möglichst gut hebenden Gläser Linsen *zweckmäßiger Durchbiegung*.

Der Astigmatismus ist manchem Auge angeboren und liegt dann in der Regel unter 4 dptr. Er tritt jedoch als *Narben*astigmatismus auch nach der Linsenentfernung auf und kann dabei sogar noch größer werden. Um ihn auch für schiefe Blickrichtungen auszugleichen, muß man bei Katralgläsern die Kugel- durch eine zweckmäßig gewählte Wulstfläche ersetzen; so ergeben sich dann für linsenlose astigmatische Augen *asphäro-torische Katral*gläser.

*Prismatische* Brillen zum Ausgleich falscher Augenstellungen bei Schielenden seien nur eben erwähnt.

# III. Die optischen Instrumente.

Als um den Beginn des 17. Jahrhunderts die ersten optischen Instrumente auftraten, wünschte man durch sie das Auge derart zu unterstützen, daß man mehr, d. h. mehr Einzelheiten, sähe als ohne sie; mit andern Worten, der Gesichtswinkel $w'$ auf der Bildseite sollte den ohne das Instrument zustande kommenden Gesichtswinkel $w^*$ an Größe übertreffen. Damit gleichbedeutend ist der Ausdruck, es würden mit dem Instrument größere Netzhautbilder erzeugt als im freien Sehen. — Beachtet man, daß nach dem ersten Abschnitt achsensenkrechte Ding- und Bildebenen besonders wichtig sind, so läßt sich die Vergrößerungszahl $\mathfrak{N} = \mathrm{tg}\,w' : \mathrm{tg}\,w^*$ schreiben, und sie sei für die Haupteinteilung der optischen Instrumente maßgebend. Da hierfür eine stets willkürliche Zahlengrenze anzugeben ist, so sei als Grenzwert $\mathfrak{N} = 2$ gesetzt. Instrumente mit $\mathfrak{N} > 2$ nennen wir *verdeutlichende* oder *vergrößernde* zum Unterschiede von den *Überblicks-* oder *wiederholenden* Instrumenten mit $\mathfrak{N} < 2$. Die Vergrößerungszahl kann darum gut der Haupteinteilung zugrunde gelegt werden, weil sich die Instrumente der einen Klasse nicht leicht durch eine geringe Veränderung an ihren Teilen zu solchen der andern Klasse machen lassen.

Die weitere Einteilung kann auf mehrere Weisen geschehen. Eine der ältesten ist die nach der Entfernung der zu betrachtenden Gegenstände. Danach wurden von jeher die Mikroskope (man könnte sinngemäß dafür Nahrohre sagen) von den Teleskopen oder Fernrohren unterschieden. Ähnliche Unterschiede bestehen auch bei neueren und neuesten Einrichtungen, wie z. B. zwischen den Blasenrohren (Cystoskopen für die Harnblase) und den Sehrohren (Periskopen) für Tauchboote. Handelte es sich hierbei um greifbare Gegenstände, so kann man heute noch eine weitere Möglichkeit berücksichtigen, wenn man nämlich den Instrumenten nicht

greifbare Gegenstände selbst, sondern optische Bilder von solchen darbietet, wie das namentlich bei den Geräten zur Untersuchung des Augen-
hintergrundes der Fall ist. Bei auffangbaren Bildern kann es sich dann
(S. 22, 91) um eine positive Entfernung von dem betreffenden Auge
oder der Vorderfläche des Instruments handeln, was bei greifbaren Gegenständen unmöglich ist.

Die andere nicht so einfache Art der Einteilung hält sich an die Lage
des letzten Bildes. Gewiß sind die von den optischen Instrumenten entworfenen Bilder sämtlich dazu bestimmt, dem Auge dargeboten zu werden,
doch können dabei zwei Möglichkeiten eintreten. Wir setzen zunächst
(S. 5) das Bild als *zugänglich* oder *auffangbar* voraus; dann läßt es sich
auf einem Schirm entwerfen und strahlt nach allen Seiten, so daß es mehr
als einem Beobachter gleichzeitig sichtbar sein kann. Man nennt eine solche
Darstellung eines Bildes insofern eine *objektive* (dingmäßige), als es eben
gleichzeitig mehreren sichtbar wird. Einrichtungen dieser Art hießen früher
Instrumente zu objektivem Gebrauche; sie sollen im folgenden *zum Bildwurf dienende Vorkehrungen* genannt werden. Man darf aber nicht ver-
gessen, daß ein solches nach allen Seiten strahlendes Bild in einem gewissen
Sinne von dem erzeugenden Instrument unabhängig wird. Je nachdem der
Beobachter dem Bilde nahe oder fern steht, wird er es unter größerer oder
kleinerer Neigung der Hauptstrahlen (S. 27) erblicken. Zwei Beobachtern
wird aus diesem Grunde aber zur gleichen Zeit dasselbe Bild nie unter
den gleichen Bedingungen sichtbar sein, und wenn es sich um eine perspektivische Darstellung eines Raumdinges handelt, so wird jeder von beiden
zu einer verschiedenen Tiefendeutung kommen können. Hier kann man
zweckmäßig den Begriff der *unterbrochenen Abbildung* einführen, mit dem
eine neue, durch den Augenort des Beschauers bedingte Regelung des Ver-
laufs der Hauptstrahlen zu verbinden ist. — Weniger macht es aus, ob das
Bild auf einem Schirme für die Dauer erzeugt also greifbar wird und gleichsam ein eigenes, von dem erzeugenden Instrument unabhängiges Leben
erhält wie etwa ein Lichtbild (Photogramm), oder ob es nur so lange besteht,
wie das Instrument für einen bestimmten Gegenstand benutzt wird, wie
das etwa bei Schirmbildvorführungen vorkommt. In dem ersten Falle
macht ein solches Bild, soweit das eine einfache Perspektive kann, die
Beobachtung von Raum und Zeit unabhängig und kann mit dieser Einschränkung den Gegenstand selber ersetzen. Daß hierbei stets einige Zeit
für die Gewinnung des greifbaren Zwischenbildes geopfert werden muß,
sei wenigstens erwähnt. — Soweit es sich bei der Erzeugung eines solchen
Bildes um gewöhnliches Licht handelt, haben solche Instrumente namentlich für Lehrzwecke eine große Bedeutung. Soweit Licht kurzer Wellenlänge
in Frage kommt, bieten die Lichtbildverfahren die wichtige Möglichkeit
einer getreuen Wiedergabe der verschiedensten Gegenstände und dienen
damit künstlerischen und wissenschaftlichen Zwecken. Schon früh lieferte
die Schnelle, mit der solche Aufnahmen erfolgen können, Ergebnisse, die
auf andere Weise nicht zu erhalten waren. Später hat man auch durch gewisse, zum Bildwurf dienende Vorkehrungen der Forschung völlig neue
Gebiete (s. S. 61) zu erschließen begonnen. Alle diese als Bildwerfer wirkenden Geräte sind erst etwa seit der Mitte des 19. Jahrhunderts zu
größerer Vollkommenheit entwickelt worden.

Die andere Klasse bilden die *als Augenhilfe dienenden Vorkehrungen*:
sie entwerfen *virtuelle* (nicht auffangbare) Bilder, deren Punkte nur nach
der Austrittspupille des Instruments strahlen und daher in der Regel
jeweils nur einem einzelnen Beobachter sichtbar gemacht werden können.
Bei ihrer Benutzung ist man also dem Schauding gegenüber zwar nicht wie
bei greifbaren Zwischenbildern von Raum und Zeit unabhängig, hat dafür

aber einen andern Vorteil: man mag, da kein merkbarer Zeitunterschied zwischen dem Zustandekommen der Abbildung und ihrer Betrachtung besteht, die Lage des Schaudinges zur Eintrittspupille des Instruments ändern und somit nacheinander verschiedene Perspektiven desselben Schaudinges entwerfen lassen, indem man den Gegenstand oder das Instrument verschiebt oder dreht. Es handelt sich hier im eigentlichen Sinne um Instrumente zur Unterstützung des Auges, die den mannigfachsten Anwendungen im täglichen Leben dienen und daher auf eine ganz wesentlich ältere Geschichte zurücksehen können; ihre hauptsächlichsten Vertreter sind schon seit dem Anfange des 17. Jahrhunderts bekannt. Unter den als Augenhilfe dienenden Vorkehrungen finden sich auch die zur eigentlich wissenschaftlichen Forschung bestimmten, mag sich diese nun auf die weit entfernten Himmelskörper oder auf die kleinsten Einzelheiten

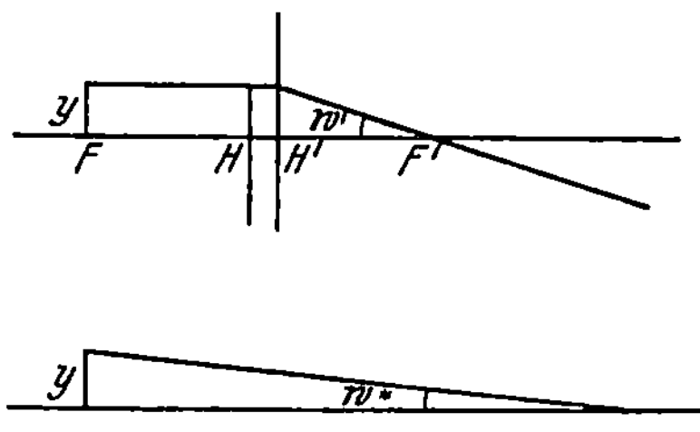

Abb. 19. Zur Ableitung der Vergrößerungszahl $\mathfrak{N}$.

unserer Umwelt beziehen.

Diese als Augenhilfe dienenden Vorkehrungen haben mancherlei Gemeinsames, das hier im voraus behandelt werden möge.

**Die Brechkraft.** Da das Auge bei entspannter Akkommodation die besten Bilder gibt, so läßt man die als Augenhilfe dienenden Linsengeräte zweckmäßig ihre Bilder im Unendlichen entwerfen. Handelt es sich dabei um Gegenstände in endlicher Entfernung, so erhält man durch eine einfache Umkehrung des Strahlenverlaufs von Abb. 5 auf S. 5 die folgenden Beziehungen für die Brechkraft $D$ des Instruments (Abb. 19):

$$\operatorname{tg} w'/y = 1/f' = D. \tag{6}$$

Die Einheit der Brechkraft $D$ ist die auf S. 32 eingeführte Dioptrie (dptr).

Beachtet man, daß das Schauding $y$ vom unbewaffneten Auge aus einer Entfernung $l$ (etwa im Nahpunkt) betrachtet wird, deren Größe (s. S. 22) mit dem Alter schwankt, so ergibt sich seine scheinbare Größe zu

$$\operatorname{tg} w^* = y/l.$$

Man erhält nach der obigen Bestimmung auf S. 34 leicht die von dem Instrument gewährte *Vergrößerungszahl* $\mathfrak{N}$:

$$\mathfrak{N} = \operatorname{tg} w' : \operatorname{tg} w^*$$

und durch Benutzung der beiden vorhergehenden Beziehungen:

$$\mathfrak{N} = Dl. \tag{7}$$

$\mathfrak{N}$ ist also unter diesen Umständen abhängig von dem Abstande $l$, auf den man längere Zeit akkommodieren kann. Mithin nützt unter den oben vorausgesetzten Bedingungen (Betrachtung eines fernen Bildes, also bei Fehlsichtigen mit der Fernbrille) ein vergrößerndes Instrument Kurzsichtigen weniger als Rechtsichtigen. Man hat sich nun auf einen Grundwert von $l = 25$ cm, als eine *mittlere* Nahpunktsentfernung rechtsichtiger Augen, geeinigt, und erhält so unter Berücksichtigung des Wertes von $D$ nach (7) die Vergrößerungszahl $\mathfrak{N}$ eines optischen Instruments von der Brennweite $f'$ nach Teilung von 25 cm durch eben die hintere Brennweite $f'$ zu

$$\mathfrak{N} = 25 \,\mathrm{cm}/f'. \tag{8}$$

Die Lage der weit entfernten Bilder müssen wir bei den als Augenhilfe
dienenden Instrumenten noch insofern genauer bestimmen, als es sich um
die Entscheidung der Frage handelt, ob die Bilder aufrecht oder umgekehrt
erscheinen. Man muß beachten, daß bei dem gewöhnlichen Sehen von aufrechten Gegenständen die Hauptstrahlen die Achse einmal im Augendrehpunkt oder in der Pupillenmitte schneiden, so daß auf der Netzhaut
ein umgekehrtes Bild zustande kommt. Wird nun zwischen Ding und
Auge ein optisches Instrument gebracht, so erscheint das Bild aufrecht,
wenn der Richtungssinn der in das Auge gelangenden Hauptstrahlen von
gleicher Art ist wie bei dem gewöhnlichen Sehen, mit andern Worten, wenn
die Hauptstrahlen zwischen der Ein- und der Austrittspupille des Instruments die Achse gar nicht oder eine gerade Anzahl von Malen geschnitten
haben; bei einem einzigen Schnittpunkt oder einer ungeraden Anzahl
solcher erscheint das Bild umgekehrt. Faßt man alles zusammen und berücksichtigt, daß beim natürlichen Sehen ein Schnittpunkt vorhanden ist,
so kommt man zu dem Schlusse, daß Gegenstände durch ein optisches
Instrument aufrecht oder umgekehrt erscheinen, je nachdem die von ihnen
ausgesandten Hauptstrahlen auf dem Wege zur Netzhaut die Achsenrichtung
eine ungerade oder eine gerade Anzahl von Malen schneiden.

# A. Die verdeutlichenden Instrumente.

Zunächst seien die einfachen Instrumente aufgeführt, dann
sollen zusammengesetzte: Mikroskop und Fernrohr, folgen.

## 1. Die Vergrößerungsgläser.

Stärkere Vergrößerungen werden in der Regel durch größere
Mittel erreicht. Die Entfernung zwischen der nächsten Linsen-
fläche und dem vorderen Brennpunkt, in den das Objekt (Schauding) gebracht werden muß, wenn die Öffnungsstrahlen auf der
Bildseite parallel zur Achse verlaufen sollen, bezeichnet man als
den *Arbeitsabstand*. Starke Linsen, d. h. solche von kurzer Brennweite, lassen sich wesentlich bequemer benutzen, wenn sie einen
verhältnismäßig großen Arbeitsabstand haben.

Zur Strahlenbegrenzung sei vorausschickend bemerkt, daß man
nur bei den schwächsten, auf S. 40 zu behandelnden Lupen den
Augendrehpunkt zugrunde legen kann; in der Regel beobachtet
man durch die Austrittspupille des Glases wie durch ein Schlüsselloch (S. 26) mit bewegtem Kopf und bewegtem Auge.

Bei der Strahlungsvermittlung muß darauf geachtet werden,
ob die Austrittspupille des Glases kleiner ist als die Augenpupille
bei der Beobachtung oder nicht. Bei den einfachen Mikroskopen
mit sehr kleinen Linsen ist offenbar ein sehr merkbarer Lichtverlust vorhanden im Verhältnis zu der Helligkeit, die dem auf
andere Weise — etwa durch eine Nachbildung im Raume —
vergrößerten Schauding eigen wäre, wenn es mit bloßem Auge
betrachtet würde. Bei den Lupen, die gewöhnlich größere Linsen

haben, bestimmt die Augenpupille die Öffnung der eintretenden
Strahlenbündel.

Auf die Verwirklichung der Abbildung und die Abbildungsfehler wird bei der nun folgenden Besprechung der einzelnen
Geräte hinzuweisen sein.

**a) Die einfachen Mikroskope und die als Augenhilfe dienenden
Lupen.** Der Unterschied dieser beiden Formen liegt neben der
soeben berührten Verschiedenheit der Linsendurchmesser in der
Vergrößerung: Bei den *einfachen Mikroskopen* soll nur ein kleines
Feld stark vergrößert werden; bei den *Lupen* begnügt man sich
mit schwächeren Vergrößerungen, will aber ein weites Feld haben.

Im ersten Falle verzichtet man häufig auf die Farbenhebung.
Die älteste, am Ende des 17. Jahrhunderts bekannte Form war
wohl die eines Glastropfens, wobei die Umgebung des Äquators
durch die Fassung abgedeckt wurde. W. H. WOLLASTON führte
verschiedene Verbesserungen ein. Einmal ersetzte er die Kugel
durch mehrere, dicht hintereinander gestellte eben-erhabene Linsen, die ihre Planflächen dem Schauding zukehrten (WOLLASTON-
sche *Zwillings-* oder *Drillingslinsen*). Ferner schnitt er (Abb. 20)
die Kugel durch und schob zwischen die beiden Halbkugeln
eine Metallblende, während D. BREWSTER und nach ihm auch
H. CODDINGTON auf die alte Kugel zurückgriffen und die Abblendung durch einen Einschliff vornahmen. — Um die für
starke Vergrößerungen notwendigen kurzen Brennweiten $f'$ (siehe
S. 36) zu erhalten, machte man die Linsen immer kleiner und ließ
sie entweder, wie D. BREWSTER tat, aus hochbrechenden Edel-
steinen bestehen, oder schob zwei, auch drei Linsen hintereinander. Die Bestandteile solcher Linsenfolgen hatten längere Brennweiten und ließen sich darum leichter und genauer ausführen.
Außerdem bot eine solche Zusammensetzung mit ihren schwächeren Krümmungen vor der Einzellinse den Vorteil geringerer

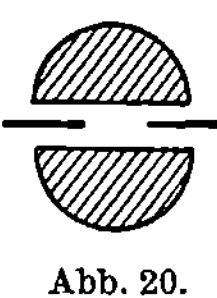

Abb. 20.
WOLLASTON-
sche Lupe.

Kugelabweichung. So erreichte man
noch leicht Vergrößerungen bis zum
Zweihundertfachen, mußte allerdings
dabei auf Folgenbrennweiten von 1,25 mm
heruntergehen. — Von den einfachen
Mikroskopen aus einem einzelnen Glas-
stücke weicht die STANHOPEsche (richtiger BREWSTERsche) Lupe insofern ab,

Abb. 21.
BREWSTERsche
(STANHOPEsche)
Lupe.

als die Schaudinge an der vom Auge abgewandten krummen
Fläche angebracht werden müssen. Sie diente häufig zur Vergrößerung kleiner, in durchfallendem Licht betrachteten Lichtbilder an Federhaltern, Nadelbüchsen u. ä. (Abb. 21).

Das Mittel, die Brechung auf mehrere Flächen zu verteilen,

wandte man zunächst auch an, als es sich darum handelte, ein
ausgedehnteres Gesichtsfeld mit geringer Vergrößerung abzubilden und damit die *eigentlichen Lupen* zu schaffen. Solche aus
zwei Einzellinsen bestehende Formen zeigen die Lupen von
J. FRAUNHOFER (Abb. 22). Höher stehen die farbenfreien Lupen,
so die *aplanatischen* (abweichungsfreien), deren früheste Form
auf A. STEINHEIL (Abb. 23) zurückgeht. — Um den Arbeitsabstand zu steigern, hat CH. CHEVALIER (Abb. 24),
und unabhängig von ihm E. BRÜCKE, eine
Sammel- mit einer Zerstreuungslinse verbun-

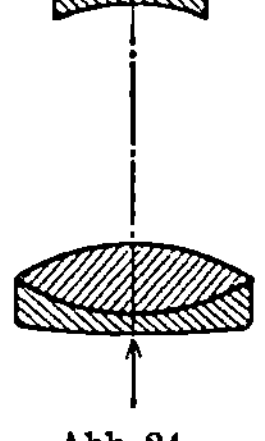

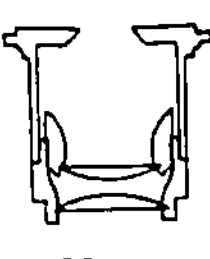

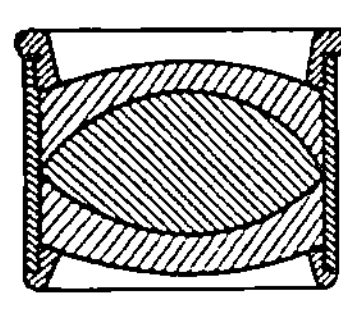

Abb. 22.
FRAUNHOFER-
sche Lupe.

Abb. 23.
Aplanatische Lupe
nach A. STEINHEIL.

Abb. 24.
CHEVALIERsche
(BRÜCKEsche)
Lupe mit gro-
ßem Arbeits-
abstand.

den (s. unten auf S. 85 beim photographischen
Teleobjektiv). Kehrt man die Zerstreuungslinse
dem Auge zu, so ist nach der dort gegebenen Zeichnung klar,
daß der vordere Brennpunkt verhältnismäßig weit von der Vorderfläche des Sammelgliedes absteht, daß sich also ein großer Arbeitsabstand ergibt. Allerdings kann diese Anlage auch schon den
zusammengesetzten Mikroskopen zugezählt werden. Noch stärkere
Lupen, wie sie etwa für Tier- und Pflanzenforscher angefertigt
werden, stehen in den Mitteln und der Sorgfalt der Ausführung
den schwächeren Mikroskopobjektiven nahe.

**b) Die Lupen als Bildwerfer.** Gute Lupen können zur Vorführung von durchleuchteten Übersichtsbildern mikroskopischer
Präparate (nach P. MAYER†: Schauwerke) verwendet werden,
wenn sie ziemlich weit geöffnete Bündel zur Abbildung ver-
werten. Ähnlichen Zwecken dienten bis zur ersten Hälfte des
19. Jahrhunderts die Sonnenmikroskope (so genannt nach der
damals allein verfügbaren, ganz kräftigen Lichtquelle). Für die
stärksten Vergrößerungen des vorzuführenden Bildes benutzt man
das zusammengesetzte Mikroskop (s. S. 60), für schwächere aber
kurzbrennweitige Linsenfolgen nach Art der Aufnahmelinsen für
Lichtbilder. Das geschieht nicht allein zur Vorführung vor Zuschauern, sondern auch zur Gewinnung eines Zwischenbildes, sei
es in Zeichengeräten, wo man es nachzeichnet, sei es in Dunkel-
kästen, wo man es auf der lichtempfindlichen Schicht festhält.
Bei den Schirmbildvorführungen sind die beiden Fälle möglich,
daß der Schirm entweder undurchsichtig ist und das auf ihm

entworfene Bild in zerstreutem Licht zurückstrahlt, oder durchscheinend und, von hinten her bestrahlt, das Bild auf der Seite der Zuschauer ebenfalls in einem größeren Winkelraume sichtbar werden läßt. Für die Betrachtung wird der letzte Fall bequemer sein, da hier die Schatten ausbleiben, die im ersten sehr stören können, wenn man näher an das Schirmbild herantritt.

Über die Vergrößerung [$N$], die man dadurch erhält, daß man das Schirmbild, die Zeichnung oder das Lichtbild nicht aus dem Abstand $D$ zwischen Austrittspupille $P'$ und Schirm $O'$, sondern aus einem kleineren $\mathfrak{D}$ betrachtet, lese man die Ausführungen auf S. 60 nach, über den Lichtverlust bei Schirmbildvorführungen S. 88, wo diese Verhältnisse als besonders wichtig auch eingehend behandelt werden. Die Lichtzuführung durch besondere Beleuchtungsgeräte (etwa Durchstrahler, Aufstrahler) wird auf S. 57/8 berührt werden.

**c) Die das blickende Auge unterstützenden Lupen** sind wenigstens noch kurz anzuführen. Hier ist die Lupe in Verbindung mit dem Kopfe des Benutzers zu denken, dabei muß der Augendrehpunkt nahe an die Lupe gebracht werden, wenn das vorgeschriebene Blickfeld erreicht werden soll. Eine frühe, allerdings noch sehr unvollkommene Form ist die *Uhrmacherlupe*, bei der die Fassung durch Einkneifen des Schließmuskels dicht vor das Auge gebracht wird. Verbesserungen dieses Geräts werden als *Verant*linsen später (S. 113) besprochen.

Einen andern Wunsch sollen die *beidäugigen Lupen* befriedigen: hier soll die Lupenvergrößerung beiden Augen dienen und die Tiefenwahrnehmung für kleine Schaudinge steigern.

## 2. Die Mikroskope.

In dem Mikroskop (nach GOETHE Kleinsehglas, nach S. 34 wäre Nahrohr zweckmäßiger) liegt für uns hier zum erstenmal ein zusammengesetztes optisches Instrument vor, wo man den dem Objekt zugekehrten Teil, das *Objektiv*, von dem *Okular* zu trennen hat, als dem Teile, der bei der Benutzung des Mikroskops als Augenhilfe dem Auge des Beobachters zugekehrt ist[1]. Wenn ganz allgemein gefragt wird, warum man nicht die mit dem einfachen Mikroskop erreichbaren Vergrößerungen weiter und weiter zu steigern suchte, sondern zu dieser Zerlegung griff,

---

[1] Im nachstehenden sollen diese Bezeichnungen als eingebürgert festgehalten werden, obwohl unsere Sprache wohl die Möglichkeit eines guten Ersatzes bietet. Man könnte das Dingglas von dem noch allgemeinen Bildglas unterscheiden und diesen Begriff weiter in Schauglas und Schirmglas zerlegen. Der letzte Ausdruck scheint mir vor dem sprachlich und begrifflich bedenklichen Ausdruck „Projektionsokular" den Vorzug zu verdienen.

so gibt es dafür mehrere Gründe. Hier sei nur auf die wichtigsten hingewiesen. Nicht nur gelten die bereits auf S. 38 aufgeführten Vorteile der Linsenverbindungen, sondern auch der Arbeitsabstand des zusammengesetzten Mikroskops ist größer als der des einfachen ebenso starken. Ferner läßt sich in gewissen Grenzen die Vergrößerung ändern durch die Benutzung sei es verschiedener Okulare mit demselben Objektiv oder verschiedener Objektive mit demselben Okular. Und schließlich wird die Leistung in Hinsicht auf die Bildgüte dadurch gesteigert, daß die Arbeit zwischen Objektiv und Okular geteilt wird; Näheres dazu kann erst (S. 43) bei der Strahlenbegrenzung angegeben werden. Für den mit dieser Schrift verfolgten Zweck genügt es, an der alten Betrachtungsweise festzuhalten, wobei das Okular die Aufgabe hat, das von dem Objektiv gelieferte *Zwischenbild* zu vergrößern. Die von E. ABBE eingeführte Auffassung des Mikroskops als Verbindung einer Lupe und eines astronomischen Fernrohrs kann hier nur erwähnt werden. — Das Schauding befindet sich bei der Beobachtung im Mikroskop in der Regel zwischen zwei Glasplättchen, dem *Tragglas* (nach P. MAYER †) von etwa 1,5 mm und dem *Deckglas* von 0,15 bis 0,20 mm Dicke. Es kann sich als Präparat (Schauwerk s. S. 39) in Luft oder in einer Flüssigkeit, wie Wasser, Glycerin usw., befinden, oder in ein flüssiges, später erstarrendes Harz, wie Canadabalsam, eingebettet sein.

**a) Die Lagen- und Größenbeziehung.** Handelt es sich um die Lagen- und Größenbeziehung der vom Mikroskop entworfenen Bilder, so muß ein Unterschied zwischen schwachen und starken Mikroskopobjektiven gemacht werden. Die schwachen stehen den starken Lupen oder den Aufnahmelinsen für mittlere Vergrößerungen sehr nahe, und man kann mit ihnen ein vergrößertes Zwischenbild $y_1'$ des Schaudinges $y_1$ in dem Abstande $\varDelta = F'O'$ von dem hinteren Objektivbrennpunkte entwerfen (Abb. 25), wobei die Vergrößerung $V_1$, nach A. KÖHLER die *Einzelvergrößerung des Objektivs*, nach den oben auf S. 4 abgeleiteten Beziehungen gegeben ist durch

$$- y_1'/y_1 = V_1 = \varDelta / f_1'. \tag{9}$$

Die Größe $\varDelta$ wird im Gegensatz zu der *äußeren* Länge des Mikroskoprohrs (vgl. S. 58) als *optische Rohrlänge* bezeichnet, und bei schwachen Objektiven kann sie und mit ihr $V_1$ in gewissen Grenzen schwanken. Bei starken Objektiven gibt es aber nur eine einzige optische Rohrlänge $\varDelta$, da sich, wie bei der Durchführung der Abbildung (S. 52) gezeigt wird, nur für einen einzigen Ding- (und Bild-) Abstand ein Flächenstückchen mit großen

Öffnungswinkeln scharf abbilden läßt. Bei vielen starken Objektiven finden sich verschiedene Grenzmittel, ein Fall, der schon bei der Flächenfolge des Auges (S. 2) vorgekommen war. Hier liegt indes das von Luft verschiedene Mittel auf der Dingseite. Solche Linsenfolgen, die aus manchen, erst (a. S. 53) erklärbaren Gründen nur in kurzen Brennweiten hergestellt werden, nennt

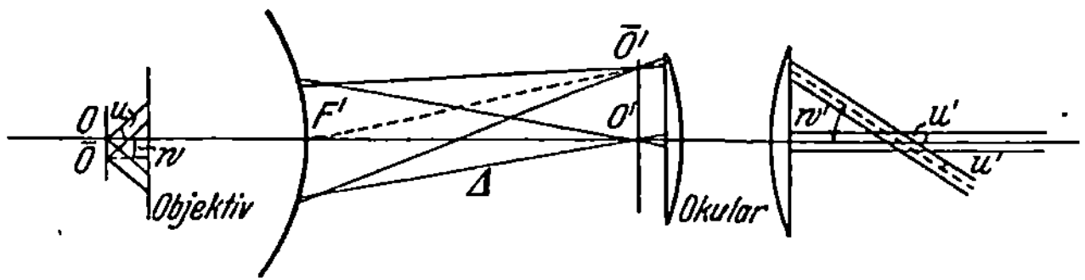



Abb. 25. Ein Übersichtsbild für den Strahlengang im Mikroskop. Läßt das Objektiv von mittleren und von seitlichen Dingpunkten ($O$ und $\bar{O}$) gleich weit geöffnete ($u$) Strahlenbündel zu, so liegt die Eintrittspupille in weiter Ferne, und die dingseitige Hauptstrahlneigung ($w$) ist verschwindend klein. Das Zwischenbild $O'\bar{O}'$ hat schon geringere Öffnungswinkel, aber eine endliche Hauptstrahlneigung $\bar{O}'F'O'$, denn die Mitte der Austrittspupille fällt mit dem hinteren Objektivbrennpunkt $F'$ zusammen. Durch das Okular wird das Zwischenbild im Unendlichen (also mit verschwindenden Öffnungswinkeln $u' = 0$) indes unter endlichem Gesichtswinkel $w'$ abgebildet.

man *Immersionssysteme* oder kurz *Immersionen* (nach H. SCHRÖDER anschaulich *Stipplinsen*). Je nach der zwischen das Deckglas und die vorderste, ebene, Objektivfläche gebrachten Stippflüssigkeit unterscheidet man *Wasser-* und *Öl*linsen; ihnen gegenüber stehen die *Trocken*linsen. Hat das Öl angenähert dieselbe Brechzahl wie Deckglas und Stirn- (Front-) Linse, so spricht man von *homogenen Immersionen* (*Paßöllinsen*).

Für rechtsichtige oder mit ihrer Fernbrille bewaffnete (S. 31), nicht akkommodierende (S. 22) Augen soll das Mikroskop ein weit entferntes Bild entwerfen, also muß die vordere Okularbrennebene mit dem $V_1$-fach vergrößerten Zwischenbilde $y_1'$ zusammenfallen. Damit ergibt sich die gewöhnliche Bestimmung der optischen Rohrlänge $\Delta$ als des *Abstandes zwischen dem hinteren Objektiv- und dem vorderen Okularbrennpunkt*. Die scheinbare Größe des Schlußbildes tg $w'$ wird nach S. 5 durch

$$\mathrm{tg}\, w' / y_1' = 1 / f_2'$$

erhalten, und man gelangt durch Einsetzung von (9) leicht zu der absolut genommenen Brechkraft $D$ des ganzen Mikroskops:

$$D = \mathrm{tg}\, w' / y_1 = V_1 / f_2' = \Delta / f_1' f_2'.$$

Die Vergrößerungszahl $\mathfrak{N}$ ist dann auch für das Mikroskop in gewohnter Weise (S. 36 Gl. 7) gegeben durch

$$\mathfrak{N} = D \cdot l = \Delta l / f_1' f_2' = V_1 V_2.$$

Die Größe $V_2 = l/f_2' = 25\,\mathrm{cm}/f_2'$ sei nach A. Köhler in Übereinstimmung mit dem Vorhergehenden als *Lupenvergrößerung des Okulars* bezeichnet. Man erhält danach (und so auch in den neueren Zeissischen Preisbüchern) die Gesamtvergrößerung $\mathfrak{N}$ eines Mikroskops als das Produkt der Einzelvergrößerung $V_1$ des Objektivs und der Lupenvergrößerung $V_2$ des Okulars[1].

**b) Die Strahlenbegrenzung** ist beim Mikroskop einfacher zu erledigen als bei vielen andern optischen Vorkehrungen, da die Schaudinge in der Regel sehr dünne Schichten bilden. Nur bei den schwachen, nach Art von Aufnahmelinsen wirkenden Objektiven kann man von *Perspektive* und *Abbildungstiefe* reden. Diese beiden Bildeigentümlichkeiten lassen sich hier einfach behandeln, weil für das Objektiv allein genau die Überlegungen gelten, die (S. 88) für die vergrößernden Bildwerferlinsen im Zusammenhange angestellt werden sollen. Ganz ähnlich wie bei einer solchen Schirmdarstellung von Raumdingen erscheint auch hier das Zwischenbild als das vergrößerte Abbild. Das Okular vergrößert es weiter und bietet es dem Auge unter neuen Gesichtswinkeln $w'$ dar, die die dingseitigen übertreffen und auch zu den auf S. 28 besprochenen Änderungen der Perspektive führen müssen. Im allgemeinen aber kommen, wie gesagt, beim Mikroskop nur außerordentlich dünne Dingschichten vor, und durch die gewaltigen Öffnungswinkel auf der Dingseite wird die Abbildungstiefe sehr stark eingeschränkt, weil die nicht eingestellten Teile der durchscheinenden Schaudinge mit so großen Zerstreuungskreisen abgebildet werden, daß man sie überhaupt nicht wahrnimmt. E. Abbe hat diesen Sachverhalt gelegentlich mit den Worten beschrieben, bei einem Mikroskop mit großen Öffnungswinkeln lege man durch das Schauwerk „optische Querschnitte". Faßt man noch einmal alles zusammen, so handelt es sich bei den stärkeren Mikroskopvergrößerungen um eine winzige, sehr dünne Dingschicht, die mit weit geöffneten Strahlenbündeln stark vergrößert abgebildet wird, so daß schon die Bündel am Zwischenbild ziemlich spitz werden. Dieses Zwischenbild wird nun vom Okular noch weiter vergrößert, nämlich im Unendlichen abgebildet, die bildseitigen Öffnungswinkel werden also auf Null gebracht, während sich dagegen die Gesichtswinkel von der verschwindenden Größe $w$ beträchtlich (auf $w'$) steigern.

**c) Die Strahlungsvermittlung** spielt beim Mikroskop eine sehr wichtige Rolle. Bereits bei der ganz allgemeinen Besprechung

---

[1] Einige Leser werden vielleicht bemerken, daß dies von der Abbeschen, hier nicht näher behandelten Art abweicht; dort ergaben die beiden Faktoren $V_I = l/f_1'$ die Lupenvergrößerung des Objektivs und $V_{II} = \Delta/f_2'$, die *Übervergrößerung* des Okulars den gleichen Endwert $\mathfrak{N} = V_I V_{II}$.

dieser Verhältnisse (auf S. 13) war darauf hingewiesen worden, daß die gesamte Strahlenmenge zu bemessen sei nach dem Quadrat des Sinus des Öffnungswinkels $u$. Das gilt für die Strahlung in Luft, und nach eben dieser Regel läßt sich die Strahlung aller Trockenlinsen behandeln; es bleiben also nur noch die Stipplinsen zu erledigen. Um die etwas verwickelten Verhältnisse leichter zu übersehen, sei an eine Aufgabe erinnert, die nach Kenntnis des Brechungsgesetzes gestellt werden kann. Was sieht ein Taucher unter klarem, ruhigem Wasser vom Sternenhimmel? Die Antwort lautet: Er sieht den ganzen Sternenhimmel, aber zusammengedrängt auf einen Kegelwinkel von $2 \times 48\frac{3}{4}^0 = 97\frac{1}{2}^0$ (Abb. 26). Bei Neigungswinkeln über $48\frac{3}{4}^0$ im Wasser tritt *totale Reflexion* (vollständige Spiegelung) ein, und der Wassergrund selber wird widergespiegelt.

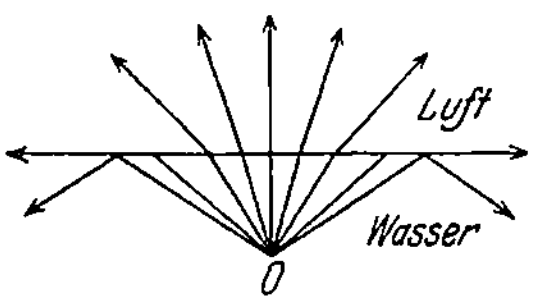


Abb. 26. Der Taucherversuch. Von dem ganzen, durch $O$ im Wasser ausgesandten Strahlenbündel kann bei einer ebenen Grenzfläche in Luft nur der Teil austreten, der innerhalb eines Kegelwinkels von $48\frac{3}{4}^0$ um die Achse liegt. Weiter geöffnete Strahlen werden an der Grenzebene vollkommen in das Wasser zurückgespiegelt.

Wenn also einem solchen Wasserwinkel $48\frac{3}{4}^0$ ein Luftwinkel von $90^0$ entspricht und in beiden die gleiche Strahlenmenge enthalten ist, so sind offenbar in einem größeren Wasserwinkel Strahlen vorhanden, die unter diesen Verhältnissen nicht in Luft austreten können. Und so ist es auch wirklich. Die Anzahl der in einem dichteren Mittel von einem leuchtenden Punkte ausgesandten Strahlen ist, wie in dem angeführten Beispiele für Neigungen unter $48\frac{3}{4}^0$ aus dem Brechungsgesetze folgt, zu bemessen, sowohl nach dem Quadrat des Sinus des Öffnungswinkels $u$ (s. S. 13), als auch nach dem Werte $n$ der Brechzahl. Man erhält also für eine Trockenlinse (sin $u$) und für eine Stipplinse ($n$ sin $u$). Nach dem Vorgange von E. ·ABBE sei das Produkt $A = n$ sin $u$ als *numerische Apertur* (Öffnungszahl) bezeichnet. Bei der in Abb. 26 angenommenen ebenen Grenzfläche kann aus dem dichteren Mittel kein Strahl in das dünnere treten, wenn die Öffnungszahl größer ist als 1, doch ist man ja nicht an ebene Grenzflächen gebunden. Beschreibt man z. B. um den strahlenden Punkt im dichteren Mittel eine Kugel, so können aus dieser gekrümmten Grenzfläche (s. Abb. 27) auch Strahlen austreten, die mit der mittleren Richtung einen sehr großen Winkel einschließen. So sind die Stirnlinsen der Mikroskope etwa gebaut (Abb. 34a, S. 54),

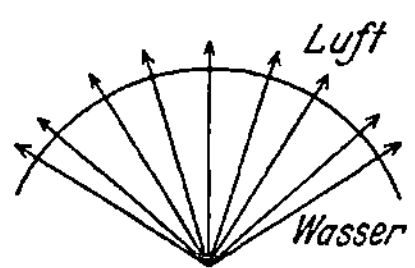


Abb. 27. Ein Übersichtsbild für die Wirkung einer Stirnlinse. Das ganze vom strahlenden Punkt im Wasser ausgesandte Strahlenbündel kann bei einer passend gewählten (kugligen) Grenzfläche in Luft austreten.

daher führen Stipplinsen von einem Punkt im dichteren Mittel
dem beobachtenden Auge eine größere Strahlenmenge zu, als es
Trockenlinsen mit der größten Öffnung vermögen. Denn während
bei solchen wegen $n = 1$

$$A = \sin u \leqq 1$$

die Öffnungszahl immer etwas unter der Einheit bleibt, gelingt
es bei Stipplinsen wegen

$$A = n \sin u \leqq n$$

sogar dem Werte von $n$ nahezukommen. So führt man Wasserlinsen aus ($n = 1{,}33$), wo $A = 1{,}25$ ist, und Öllinsen ($n = 1{,}51$)
mit $A = 1{,}40$, ja sogar Monobromnaphthalinimmersionen ($n=1{,}65$)
mit $A = 1{,}60$. Bei den letzterwähnten entsteht eine Schwierigkeit,
da sich zwischen dem strahlenden Punkt und der Kugelfläche
der Stirnlinse kein schwächer brechendes Mittel befinden darf.
Es muß also Monobromnaphthalin auch als Einbettemittel für
das Schauwerk verwendet werden. Da trifft es sich ungünstig,
daß manche Gewebsteile aus dem Tier- und Pflanzenreich durch
die chemische Wirkung dieses Einbettemittels zerstört werden
würden. Man hat daher diese Linsen mit der höchsten Öffnungszahl im wesentlichen nur zur Untersuchung des Kieselpanzers
verschiedener Diatomeenarten verwenden können.

d) **Die Verwirklichung der Abbildung.** Hier ist es für die Lehre
vom Mikroskop notwendig, der Behandlung der Abweichungen
einen Abschnitt vorauszuschicken, in dem auf die Natur des
Lichts als einer Wellenbewegung Bezug genommen wird. Bei
den andern Instrumenten (S. 1) liegt dazu keine unumgängliche
Notwendigkeit vor, denn sie werden stets auf Gegenstände von
beträchtlicher Ausdehnung gerichtet. Bei dem Mikroskop aber
kommen Schaudinge oder deren Einzelheiten von der Größe der
Wellenlänge des Lichts vor, und in solchen Fällen lassen sich die
Vereinfachungen der Strahlenoptik nicht mehr anwenden, sondern
man muß dann auf die Lehre vom Licht als einer Wellenbewegung
zurückgehen[1].

Die geradlinigen Strahlen, die man sich von einer Lichtquelle
nach allen Seiten ausgehend dachte, gibt es nicht; sie geben
nur die *Richtungen* an, in denen sich die von dieser Lichtquelle
erregte Wellenbewegung ausbreitet. Ein jeder Punkt in einer
solchen Richtung kann als ein neuer Erregungsherd aufgefaßt
werden. Treffen Wellenbewegungen, die von demselben Ausgangs-
punkt stammen, auf ihrer Bahn zusammen, so können sie sich

---

[1] Genaueres findet sich bei A. BERLINER: Lehrbuch von 1928 auf
S. 542 ff.

verstärken, also größere Helligkeit hervorbringen, oder sich schwächen, also geringere Helligkeit oder gar Dunkelheit entstehen lassen. Diese gegenseitige Beeinflussung nennt man *Interferenz* (Beeinträchtigung) und spricht davon, daß zwei Strahlen (eigentlich die Wellenbewegungen in zwei Lichtrichtungen) miteinander *interferieren* (sich gegenseitig beeinträchtigen).

Die Gesamtheit dieser Erscheinungen, bei denen man von der Voraussetzung der Strahlenoptik absieht, daß sich die voneinander unabhängigen Lichtstrahlen geradlinig fortpflanzen, bezeichnet man als *Beugungserscheinungen*, oder man spricht auch wegen der dabei auftretenden Spektralfarben von *Beugungsspektren*. Sie werden immer dann bemerkt, wenn die lichtbeugenden Einzelheiten ihrer Größe nach mit der Wellenlänge des Lichts verglichen werden können. Als einfaches Beispiel seien hier die farbigen Beugungserscheinungen angeführt, die man bei der Betrachtung einer Kerzenflamme durch einen schmalen Spalt oder besser ein feines Gitter wahrnimmt.

Da es sich bei den Schaudingen des Mikroskops häufig um außerordentlich feine Einzelheiten handelt, so spielt die Beugung eine sehr wichtige Rolle, denn das von dem Leuchtgerät (s. S. 57) des Mikroskops kommende Licht durchsetzt die feinsten Einzelheiten des Schaudings genau so wie den engen Spalt in dem sogleich zu besprechenden einfachen Falle. Dieser in mancher Hinsicht sehr bezeichnende Fall läßt sich an der dem Buche LUMMER-REICHES entnommenen Abb. 28 schildern. Der mittels einer Linse durch ein ziemlich enges Bündel durchleuchtete enge Spalt (er kann auch durch eine Reihe enger Spalte, ein *Gitter*, ersetzt werden) läßt auf dem Schirm eine stark in die Breite ausgedehnte Beugungserscheinung entstehen. Darin wechseln helle Stellen (Beleuchtungs*maxima* oder *-gipfel*) und dunkle (*Minima* oder *Schattentiefen*) miteinander ab; besonderen Eindruck machen die Richtungen nach den Beleuchtungsgipfeln. Man unterscheidet diese meist als *erste* Gipfel, *zweite*, *dritte* usw. von der geraden Fortsetzung der Achse des einfallenden Bündels, die in den folgenden Abb. 29 bis 33 mit 0 bezeichnet sein möge.

Abb. 28 aus S. 42 des LUMMER-REICHESchen Buches von 1910.
Die Beugungserscheinungen auf dem Schirm nach dem Durchgang eines engen Beleuchtungsbündels durch ein Gitter.

J. FRAUNHOFER hat einen Ausdruck für den Winkelabstand $u$ des $m$-ten Gipfels von der Achse des Beleuchtungsbündels angegeben, wenn ein Gitter in Luft vorliegt, dessen Spalte wie in Abb. 29 um die Entfernung $d$ voneinander abstehen. Er lautet:

$$\sin u = m\lambda/d; \quad m = 1, 2, 3, \ldots; \tag{10}$$

dabei bedeutet $\lambda$ die Wellenlänge des bei der Abbildung verwandten Lichts. Eine entsprechende Ausdehnung der dann keine scharfen Gipfel mehr zeigenden Beugungserscheinung ergibt sich auch bei kleinen Gebilden unregelmäßigen Gefüges. Hält man an dem Gitter der Abb. 29 fest, läßt aber das Licht in ein anderes Mittel (z. B. Öl mit $n_D = 1,5$) austreten, so zeigt die Abb. 30, daß dasselbe Gitter nun eine viel engere Beugungserscheinung liefert, so daß in demselben Winkelraume wie vorher nicht drei, sondern vier Gipfel liegen. Der Grund dafür ist der, daß nach S. 14 die Wellenlänge $\lambda$ in dem Verhältnis von 1,5 zu 1 kürzer geworden ist. Genau dasselbe würde sich auch in Luft ergeben haben, wenn man ein tief violettes Beleuchtungsbündel von

$$\lambda = 0{,}589\,\mu/1{,}5 = 0{,}393\,\mu$$

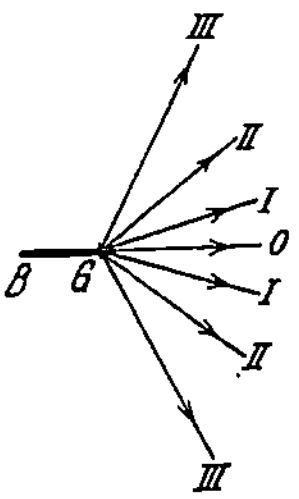

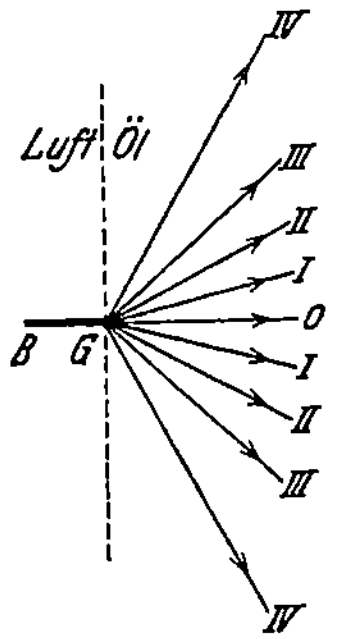

Abb. 29. Die Beugungserscheinungen eines engen, gelben Lichtbündels $BG$ an dem Gitter $G$ mit einer Streifenbreite

$d = 0{,}002\,\text{mm} = 2\,\mu$

in Luft:

die ersten, zweiten, dritten Beleuchtungsgipfel haben von der 0-Richtung Abstände von etwa 17, 36, 62°.

Abb. 30. Die Beugungserscheinungen eines engen, gelben Lichtbündels $BG$ an dem Gitter mit einer Streifenbreite

$d = 0{,}002\,\text{mm} = 2\,\mu$

in Öl:

die ersten, zweiten, dritten, vierten (fünften) Beleuchtungsgipfel haben von der 0-Richtung Abstände von etwa $11\frac{1}{2}$, 23, 36, 52, (79)°.

angewendet hätte. — Will man also den Ausdruck (10) auch für andere Mittel als Luft verwertbar machen, so muß man $\lambda$ durch $\lambda/n$ ersetzen und erhält

$$\sin u = m\lambda/nd; \quad m = 1, 2, 3, \cdots. \tag{11}$$

Es ist nun eines der großen Verdienste E. Abbes, diese Folgerungen aus Fraunhofers Lehre zur Erklärung der Bilderzeugung im Mikroskop herangezogen zu haben. Er wies dabei zunächst darauf hin, daß, damit überhaupt ein Bild des Gitters, d. h. eine abwechselnd helle und dunkle Streifung von richtigem Abstande zustande komme, mindestens zwei aufeinander folgende Gipfel dieses Gitters in das Mikroskopobjektiv eintreten müßten. Aus dem erweiterten Ausdruck (11) erhält man sofort für $m = 1$ einen Ausdruck für die kleinste Streifenbreite:

$$d = \lambda/n\sin u, \tag{12}$$

die ein Mikroskopobjektiv der Öffnungszahl $n\sin u$ zu erkennen gestattet, wenn das Lichtbündel mit seiner Achsenrichtung zusammenfällt (bei *gerader Beleuchtung*). Man bezeichnet diese Größe auch als die *Grenze der Auflösung des Mikroskopobjektivs bei gerader Beleuchtung*. Sieht man nun näher zu, was dabei vorgeht, so erkennt man leicht, daß das Objektiv die FRAUNHOFERsche Beugungserscheinung bis zum ersten Gipfel aufnimmt und diesen Teil in seiner hintern Brennebene (die nach der Unterschrift zu Abb. 25 mit der Austrittspupille zusammenfällt), also sehr nahe an der letzten Objektivfläche, abbildet. Dieses Bild kann leicht beobachtet werden, wenn man das Okular entfernt und in das Rohr hineinsieht. Bei einer engen Streifung erhält man z. B. die nebenstehende Abb. 31. Dabei bedeutet der mittlere kleine Kreis (0) den in der Richtung des Lichtbündels liegenden Hauptgipfel, woran sich rechts und links die ersten (*I*) Gipfel anschließen. Bei einer noch engeren Streifung stehen die beiden

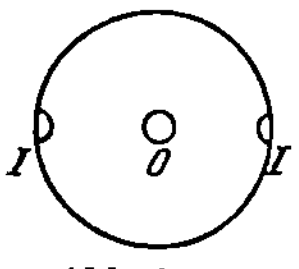 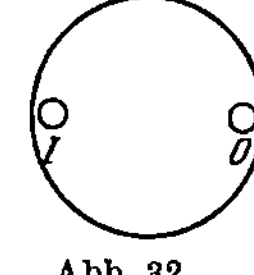

Abb. 31.      Abb. 32.

Die in der hinteren Brennebene des Mikroskopobjektivs auftretende Beugungserscheinung einer bei gerader schiefer Beleuchtung eben noch aufgelösten Streifung.

ersten Gipfel sogar noch weiter von der Mitte ab, wie sich aus (10) ergibt, und es würde zu ihrer Aufnahme ein Objektiv von größerer Öffnungszahl notwendig sein; doch kann man sich auch durch die *schiefe* Beleuchtung helfen und mit einem Objektiv der alten Öffnungszahl durch die in Abb. 32 angedeutete schiefe Richtung des Lichtbündels doch noch wenigstens *einen* ersten Gipfel nutzbar machen. Wie sich aus Abb. 32 entnehmen läßt, kann durch äußerst schiefes Licht das Auflösungsvermögen eines Objektivs bestimmter Öffnungszahl *A* etwa verdoppelt werden:

$$d = \lambda/2\,A\,. \tag{13}$$

Verhindert man (häufig durch Blendscheiben) das in der Richtung des Lichtbündels weitergehende Licht daran, in das Objektiv einzutreten, und erhält also bei der Beobachtung nur *abgebeugtes* Licht, so heben sich die beugenden Gefügseinzelheiten hell vom dunkeln Hintergrunde ab: man spricht alsdann von einer *Dunkelfeldbeleuchtung*. Dies Verfahren ist für den Nachweis vereinzelter ganz kleiner Schaudinge besonders günstig, weil der Abstich vom dunkeln Hintergrunde ganz allgemein ihr Vorhandensein erkennen läßt, selbst wenn ihre scheinbare Größe weit unter der Minutengrenze der Sehschärfe (s. S. 20) bleibt. Als Beispiele seien angeführt die einzelnen Regentropfen, die man bei schwachem Regen vor einem dunkeln Hintergrunde auf ziemlich weite Entfernung fallen sieht, die Sonnenstäubchen, durch die sich ein

Sonnenstrahl in einem verdunkelten Zimmer kenntlich macht, und schließlich die Fixsterne am Himmel. Die Form der Schaudinge kann man freilich nicht erkennen, sondern nur ihr Vorhandensein, und zwar muß nach S. 20 der scheinbare Abstand zweier solcher Dinge den Winkelwert der Sehschärfe mindestens erreichen, wenn sie nicht als ein einzelnes aufgefaßt werden sollen. Diese Dunkelfeldbeleuchtung hat H. SIEDENTOPF in seinem *Ultramikroskop* zum Nachweise vereinzelter Teilchen ausgebildet, die nur sehr kleine Bruchteile der Wellenlänge des Lichts (bis zu $0,004\,\mu$) messen. Optisch abgebildet aber werden solche Dinge durch diese Einrichtung nicht.

Ist das Mikroskopobjektiv ausreichend fehlerfrei — und nur solche sollen hier betrachtet werden —, so vereinigen sich alle von dem Dingflächenstück nach der FRAUNHOFERschen Beugungserscheinung zielenden Richtungen schließlich wieder, soweit sie von der Eintrittspupille des Objektivs aufgenommen werden, an dem auf der Bildseite zugeordneten Flächenstück. Als Bild ergibt sich dort (s. S. 46) der Interferenzeffekt (die gegenseitige Beeinträchtigungswirkung) aller von der Austrittspupille ausgehenden Wellenzüge. Es ist nun außerordentlich wichtig, daß beim Mikroskop die bilderzeugende Ursache nicht, wie bei gröberen Gegenständen, das Schauding allein ist, sondern daß die Begrenzung der von dem betrachteten Gefüge verursachten Beugungserscheinung durch die Eintrittspupille des Objektivs den Ausschlag gibt. Umfaßt die Beugungserscheinung in dem Mittel vor dem Objektiv einen größeren Winkel als den Öffnungswinkel des Objektivs in diesem Mittel, so kann sie eben nur zum Teil aufgenommen werden, und das Bild wird infolgedessen entsprechend beeinflußt; es ist dem Gefüge nicht mehr ähnlich und entspricht nur dem wirksamen Teile seiner Beugungserscheinung; ein ganz anderes Gefüge, aus dessen Beugungserscheinung man einen mit dem vorigen übereinstimmenden Teil herausblenden kann, ergibt ein diesem gleiches Bild. E. ABBE hat für diese Angabe den bestätigenden Versuch der Abb. 33 angegeben. Auf der Teilmaschine werden zwei Gitter hergestellt, deren eines, $c$, doppelt so fein ist wie das andere, $a$. Die Beugungserscheinungen in den beiden Austrittspupillen sehen demnach so aus wie $b$ und $d$. Blendet man nun aus $b$ die beiden Beleuchtungsgipfel erster Ordnung ab, so zeigt sich im Bilde $f$ tatsächlich ein doppelt so feines Gitter, ohne daß an dem gröberen, nach seiner Herstellung genau bekannten Schaudinge irgend etwas geändert worden wäre.

Da die Grenze $d$ der abgebildeten Einzelheiten mit der Größe $A$ der Öffnungszahl in einen Zusammenhang gebracht worden ist, so kann man ohne Schwierigkeit die Brechkraft und die Vergrößerungszahl eines Mikroskops von bestimmtem $A$-Wert ermitteln. Es sei an das Winkelmaß der Sehschärfe erinnert, das auf S. 20 zu einer Minute angenommen worden war. Bedenkt man, daß bei einem so kleinen Winkel die Wahrnehmung zwar eben möglich, aber nicht bequem ist, so wird es verständlich, daß man durch das Mikroskop die wahrzunehmende Einzelheit $d$ unter einem Winkel $w'$ abzubilden sucht, der zwischen 2 und 4 Bogenminuten liegt. Bei Beleuchtung mit schiefem Licht erhält man also in groben Zügen als Grenzen für die Brechkraft (s. S. 42) des ganzen Mikroskops und nach (13) auf S. 48, wenn die abge-

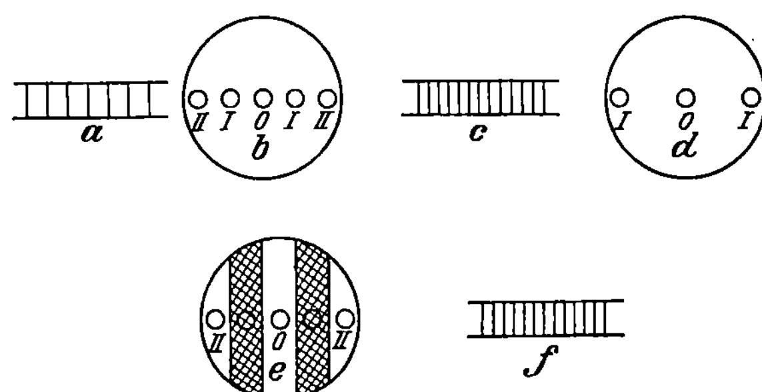

Abb. 33. Ein Versuch zur Bestätigung der ABBEschen Lehre von der Bilderzeugung im Mikroskop.

bildeten Einzelheiten bequem wahrgenommen werden sollen:

$$D_2 = \operatorname{tg} w'/d = 2\,A\operatorname{tg} 2'/\lambda \qquad \text{und} \qquad D_4 = 2\,A\operatorname{tg} 4'/\lambda$$

und nach (7) auf S. 36 für die Vergrößerungszahl bei $l = 25\,\text{cm}$:

$$\mathfrak{N}_2 = 2\,l\,A\operatorname{tg} 2'/\lambda \qquad \text{und} \qquad \mathfrak{N}_4 = 2\,l\,A\operatorname{tg} 4'/\lambda.$$

Setzt man für Beobachtungen bei Tageslicht $\lambda = 0{,}55\,\mu$, so erhält man nach E. ABBE die nachstehende Tafel für die Grenzen der Vergrößerungszahlen $\mathfrak{N}_2$ und $\mathfrak{N}_4$ bei den verschiedenen Öffnungszahlen:

| $A = n \sin u$ | $d$ in $\mu$ | $\mathfrak{N}_2$ | $\mathfrak{N}_4$ |
|---|---|---|---|
| 0,10 | 2,75 | 53 | 106 |
| 0,30 | 0,92 | 159 | 317 |
| 0,60 | 0,46 | 317 | 635 |
| 0,90 | 0,31 | 476 | 952 |
| 1,20 | 0,23 | 635 | 1270 |
| 1,40 | 0,19 | 741 | 1481 |
| 1,60 | 0,17 | 847 | 1693 |

Bei dieser Zusammenstellung fällt auf, wie niedrige Vergrößerungszahlen sich ergeben, wenn man sich an die obigen

Regeln hält. Ist diese Zahl beträchtlich kleiner als der nach der Tafel der Öffnungszahl entsprechende $\mathfrak{N}_2$-Wert, so kann man die in dem Bilde enthaltenen kleinsten Einzelheiten schwer oder gar nicht sehen, weil sie unter einem zu kleinen Sehwinkel $w'$ erscheinen; ist die Zahl dagegen, und das wird öfter vorkommen, größer als $\mathfrak{N}_4$, so sieht man keine weiteren Einzelheiten, weil eben keine in dem Bilde vorhanden sind: das Bild ist *leer*. Die Zwecklosigkeit, bloß die Vergrößerung zu steigern, hebt schon J. PETZVAL hervor: „Deshalb informiert uns auch derjenige, welcher von einem neu erfundenen Mikroskop des Optikers N. Nachricht gibt und weiter gar nichts sagt, als wieviel millionenmal es vergrößere, weniger von den Eigenschaften des Instruments als von dem Umfange seiner Sachkenntnis."

Bei gleichbleibender Öffnungszahl ist die Steigerung der Vergrößerungszahl des Mikroskops mit einer Abnahme des Durchmessers der Austrittspupille verbunden; er beträgt bei $\mathfrak{N}_2$ etwa 1 mm und bei $\mathfrak{N}_4$ nur noch etwa 0,5 mm. Dies hat bereits wegen der Dunkelheit des Bildes einen Nachteil, der schon auf S. 37 hervorgehoben wurde. Ferner werden infolge der Enge der austretenden Strahlenbündel die unter dem Namen der „entoptischen (etwa inneräugigen) Erscheinungen" bekannten Störungen um so schädlicher; sie sind darauf zurückzuführen, daß die Trübungen im Auge auf der Netzhaut Schatten werfen.

Über die Verteilung der Vergrößerung auf Objektiv und Okular gibt die Lehre vom Licht als einer Wellenbewegung keinen Aufschluß, sie ist von dieser Verteilung ganz unabhängig. Diese Aufgabe kann erst nach der nun folgenden Behandlung der Bildfehler im Objektiv erledigt werden.

**e) Die Strahlenvereinigung im Mikroskopobjektiv.** Nach den Auseinandersetzungen über die Beugung bei der Bilderzeugung im Mikroskop haben wir die Forderungen zur Hebung der Fehler für den wichtigsten Bestandteil, das Objektiv, in der Sprache der Strahlenoptik anzugeben.

Was die *Farbenhebung* angeht, so müssen zunächst die Schnittweiten zweier ausgewählter Farben gleich sein; man wählt dafür hier Rot und Blau, denn da das Mikroskop in der Regel als Augenhilfe dient (S. 35), so muß die *augenrechte* Farbenvereinigung gewählt werden[1]. Nur bei geeigneter Wahl der Werkstoffe — und eine solche wurde erst nach der Eröffnung des Jenaer Glaswerks möglich — weichen die Schnittweiten der gelben und violetten Strahlen nicht erheblich von denen der ausgewählten ab; im allgemeinen entsteht ein besonders für Objektive von großer Öff-

---

[1] Über die verschiedenen Möglichkeiten der Farbenhebung s. S. 103.

nung störendes *sekundäres Spektrum*. Ist ferner für eine mittlere, etwa die gelbe, Farbe die Kugelabweichung gehoben, so gilt das durchaus noch nicht für die andern Farben, im Gegenteil pflegen dann die roten Strahlen eine mit wachsendem Öffnungswinkel immer abnehmende, die blauen eine immer zunehmende Schnittweite zu erhalten; die Hebung der Kugelabweichung ist also nach der Farbe verschieden: es besteht, worauf E. Abbe hingewiesen hat, eine *Farbenverschiedenheit der Kugelabweichung* (chromatische Differenz der sphärischen Aberration). — Schließlich sei noch erwähnt, daß die Anlage, die man seit G. B. Amici für die stärkeren Objektive wählt, auf eine stärkere Vergrößerung des blauen als des roten Zwischenbildes führt; man bezeichnet das als die *Farbenverschiedenheit der Vergrößerung* (chromatische Vergrößerungsdifferenz). Infolgedessen wird ein auf der Achse liegendes weißes Schauding mit blauen, ein schwarzes mit roten Außensäumen abgebildet.

Daß es im Hinblick auf die *Kugelabweichung* nicht allein genügt, für den Achsenpunkt die Strahlen gut zu vereinigen, läßt sich schon aus den Sätzen über die Strahlungsvermittlung schließen, wofür sich auf S. 13 ein Hinweis findet. E. Abbe hat aber auch den geometrischen Beweis dafür geliefert, daß die Aufgabe des Objektivs, ein Flächenstückchen mit weit geöffneten Bündeln stark ($N$-mal) vergrößert abzubilden, nur dann gelöst ist, wenn die Öffnungswinkel $u$ auf der Dingseite zu den bildseitigen $u'$ in dem über die ganze Öffnung gleichbleibenden Verhältnis stehen:

$$n \sin u / \sin u' = -N. \tag{14}$$

Man nennt diese Beziehung die Abbesche *Sinusbedingung*. Sie steht im Widerspruch zu der allgemeinen Lagen- und Größenbeziehung zwischen Ding- und Bildraum der Gaussischen Abbildung. Danach müßte (S. 4) zwischen $u$ und $u'$ der Zusammenhang bestehen $n \operatorname{tg} u / \operatorname{tg} u' = -N$. Diese Forderung verträgt sich verständlicherweise nur für ganz kleine Winkel $u$ (bei denen sin und tg die gleichen Werte haben) mit der Sinusbedingung. Wenn nun aber, wie soeben betont wurde, die Sinusbedingung für das Mikroskopobjektiv von überwiegender Bedeutung ist, so muß diese Anlage, soweit endliche Öffnungswinkel in Betracht kommen, von den Verhältnissen im Gaussischen Bildraum abweichen. In der Tat zeigt sich, daß für kein zweites Punktepaar auf der Achse eine eindeutige Abbildung besteht, wenn für ein Paar bereits die Kugelabweichung aufgehoben und die Sinusbedingung erfüllt worden ist. Selbst für Achsenpunkte, ganz dicht bei einem solchen nach E. Abbe *aplanatischen* (abweichungsfreien) Punktepaare, tritt eine starke Kugelabweichung ein, oder anders ausgedrückt, die unter den verschiedenen, von dem benachbarten Dingpunkte möglichen Öffnungswinkeln $u$ ausgehenden Strahlen schneiden auf der Bildseite die Achse nicht in einem und demselben Punkte, sondern in unendlich vielen verschiedenen. — Die Bestimmungsgleichung für das Sinusverhältnis kann auch aufgefaßt werden als die Bedingung dafür, daß die verschiedenen, in Ringen oder Gürteln um die Achse liegenden Objektivteile, die *Objektivzonen,* alle die gleiche Vergrößerung ergeben. So ausgesprochen erscheint sie für die Strahlenoptik in ihrer ganzen Wichtigkeit, und tatsächlich ist sie für die gute Wirkung eines Mikroskopobjektivs von so grundsätzlicher Bedeutung, daß E. ABBE durch Versuche den Nachweis führen konnte, die alten, bloß erpröbelten Mikroskopobjektive seien nicht allein von Kugelabweichung frei, sondern erfüllten auch die Sinusbedingung; sie seien also, mit ihm zu reden, *aplanatische* Linsenfolgen.

Die im Objektiv zurückbleibenden Fehlerreste, seien sie nun auf unausgeglichene Farben- oder Kugelabweichung zurückzuführen, bewirken, daß der erstrebte Bildpunkt im Zwischenbilde durch einen *Abweichungskreis* oder *-fleck* ersetzt wird, was zunächst bei den kleinsten, dem Objektiv zugänglichen Einzelheiten $d$ stört. Der Durchmesser dieses Kreises hängt bei Festhaltung der optischen Rohrlänge $\Delta$ (s. S. 41) für starke Objektive nur von der Anlage und nicht von der Brennweite ab. Es leuchtet ein, daß die Kreise zu dem Zwischenbilde etwa in dem gleichen Verhältnisse stehen wie Kreuzstiche oder Perlen zu der fertigen Stickerei. Auf solche Weise können Einzelheiten nur wiedergegeben werden, wenn im Verhältnis zu ihnen die Stiche oder die Perlen klein sind; und ist die Größe der Stiche oder Perlen gegeben, so ist damit ein gewisser Mindestmaßstab für die Stickerei mitbestimmt. Bei dem Zwischenbilde verhält es sich entsprechend: auch hier müssen die kleinsten noch wiederzugebenden Einzelheiten wesentlich größer sein als die Abweichungskreise. Die Größe der Einzelheiten (9) im Zwischenbild $V_1 d = \Delta d / f_1'$ kann aber durch die Verkleinerung von $f_1'$ auf einen vorgeschriebenen Wert gebracht werden. Als Schluß ergibt sich mithin, daß man durch Wahl einer genügend kleinen Brennweite für ein Objektiv geeigneter Anlage die zugänglichen Einzelheiten im Zwischenbilde wesentlich größer erscheinen lassen kann als den der Anlage eigenen Abweichungskreis. Wendet man also eine geeignete Okularvergrößerung auf das Zwischenbild an, so wird man die Einzelheit deutlich sehen, während der Abweichungskreis unter der Grenze der Sichtbarkeit bleibt. Die Güte der Strahlenvereinigung in Objektiven verschiedener Anlage wird man also zweckmäßig nach der Stärke der Okularvergrößerung (nach E. Abbe der Übervergrößerung, s. S. 43[1] beurteilen, die sie aushalten.

Über die Entwicklung der Objektivformen sei hier gesagt, daß, wie oben angedeutet, die starken Mikroskopobjektive vielfach durch Pröbeln hergestellt wurden. Der erste, der sie berechnete, scheint Amici um 1820 gewesen zu sein; er ließ nach seinen Rechnungen auch Objektive zum Verkauf herstellen. Ihm ist die Einführung der halbkugligen Stirnlinse zuzuschreiben, die bereits auf S. 44 erwähnt wurde als ein wichtiges Hilfsmittel für Stipplinsen, die aber auch bei starken Trockenlinsen verwandt wird. G. B. Amici hat sowohl Wasser- als auch Öllinsen hergestellt; er erkannte es ferner als wichtig, bei starken Objektiven die in der Rechnung angenommene Deckglasdicke einzuhalten. Da nun dem Mikroskopiker nicht immer Deckglas genau vorgeschriebener Dicke zur Hand ist, so half er sich damit, daß er statt eines bestimmten Objektivs deren mehrere führte, die, sonst gleichmäßig, je auf eine verschiedene Deckglasdicke abgestimmt waren. — Dasselbe Ergebnis erreichte der englische Optiker A. Ross 1837 mit der Korrektions- (Ausgleichs-) Fassung (Abb. 34) einfacher und billiger, indem er durch eine Abstandsänderung im Mikroskopobjektiv selbst die Kugelabweichung auch bei einem Deckglas abweichender Dicke zu heben wußte. Solche Korrektionsfassungen sind auch heute noch bei allen stärkeren Trockenlinsen und den Wasserlinsen im Gebrauch. Einen sehr großen Fortschritt bedeutete die auf J. W. Stephenson 1879 zurückgehende Einführung von Paßöllinsen (homogenen Immersionen), wobei Deckglas, Stippflüssigkeit und Stirnlinse gleiche Brechzahl haben. Hier ist man von der Einhaltung der Deckglasdicke in hohem Maße unabhängig, da sich durch eine passende Dicke der Ölschicht über dem Deckglase dessen abweichende Dicke ausgleichen läßt. Diese Objektive wurden 1878 durch E. Abbe berechnet, der schon seit 1872 die Objektive der optischen Werkstätte von Carl Zeiss nach genauer trigonometrischer Berechnung ausführen ließ und nun die Paßöllinsen mit einer Öffnungszahl von 1,25 herausbrachte. Bei dieser großen Öffnung waren im wesentlichen nur noch die Farbenfehler bemerkbar, deren befriedigende Beseitigung E. Abbe erst gelang, als das unter seiner Mitwirkung ge-

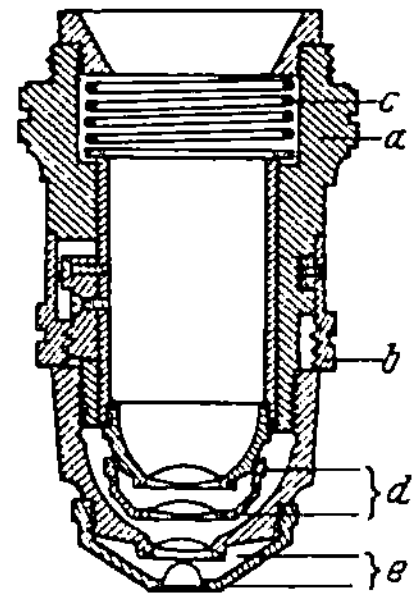

Abb. 34. Die Korrektionsfassung von A. Ross. Durch den Ring *b* wird die Entfernung zwischen den oberen Linsen *d* und den unteren, mit der festen Fassung *a* verbundenen Linsen *e* in angemessenen Grenzen verändert. Die Schraubenfeder *c* hält beide Teile auseinander. Die Linsenfolge kann die gewöhnlichen starken Achromate kennzeichnen. Die unterste Linse ist die mehrfach erwähnte halbkuglige Stirnlinse. Ein schwächerer Achromat ist auf Abb. 40 dargestellt.

gründete und 1885 eröffnete Jenaer Glaswerk von SCHOTT & GEN. die Auswahl in den Glasarten erweitert hatte, und als ausreichende Versuche mit *Flußspat* (Fluorit) die Verwendbarkeit dieses, mit besonders wertvollen optischen Eigenschaften begabten Krystalls erwiesen hatten. Die 1886 als *Apochromate* (Abb. 35) eingeführten Trocken-, Wasser- und Öllinsen zeigten nicht nur kein sekundäres

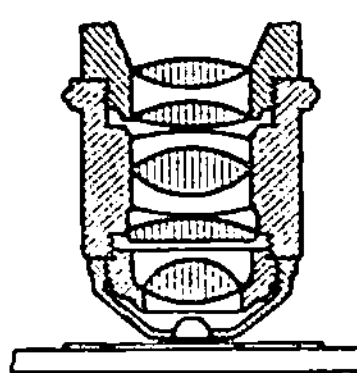

Abb. 35 aus S. 561 des BERLINERschen Lehrbuches.

Ein Apochromat ($f' =$ 2 mm; $A = 1{,}40$) in etwa anderthalbfacher natürlicher Größe.

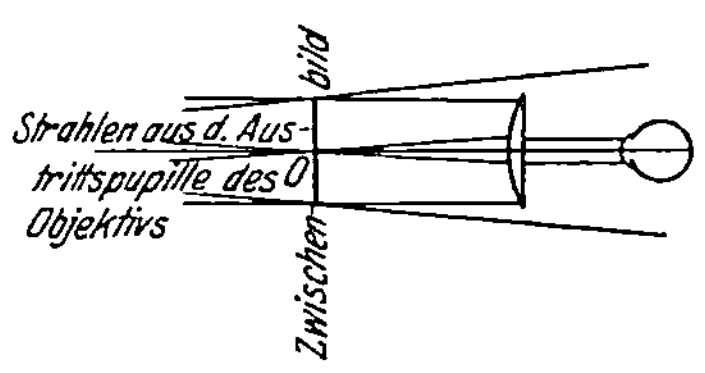


Abb. 36. Ein Übersichtsbild für die Einschränkung des Gesichtsfeldes bei Benutzung einer einfachen Lupe als Okular.

Spektrum, sondern sogar die in hohem Maße gelungene Aufhebung der Farbenverschiedenheit der Kugelabweichung. Die Folge dieser sehr verbesserten Strahlenvereinigung war eine sehr merkliche Verringerung des jeder Anlage eigenen Abweichungskreises. Auf die, bei allen diesen Objektiven eingeführte, gleichstarke Farbenverschiedenheit der Vergrößerung soll bei der Besprechung der Kompensationsokulare (S. 57) hingewiesen werden.

**f) Die Strahlenvereinigung im Mikroskopokular.** Was nun den zweiten Teil des zusammengesetzten Mikroskops, das *Okular*, angeht, so hatte es nach S. 42, Abb. 25, das mit geringen Öffnungswinkeln zustande kommende Zwischenbild im Unendlichen abzubilden. Hauptsächlich ist hier die Strahlenbegrenzung zu besprechen; die Verwirklichung der Abbildung läßt sich ganz kurz abtun, da es hier eigentlich nur auf die Beseitigung bestimmter Farbenfehler ankommt. — Bei den Okularen stellt sich eine ähnliche Aufgabe ein wie bei dem Bildwurf mit durchfallendem Licht (S. 116): jeder Punkt des Zwischenbildes muß alles von der Austrittspupille des Objektivs stammende Licht in die Augenpupille strahlen, wenn er hell und deutlich erscheinen soll. Die Abb. 36 zeigt, daß das sicher nicht der Fall sein würde, wenn man etwa eine einfache dünne Lupe von geringem Durchmesser unmittelbar auf das Zwischenbild einstellen wollte. Vielmehr muß man zu der eigentlich vergrößernden *Augenlinse* des Okulars eine Linse hinzufügen, die, ähnlich wie ein einfaches Leuchtgerät (S. 115) die auseinanderfahrenden Strahlenbündel nach der Augenpupille leitet, nämlich das *Kollektiv* oder die *Kollektiv-* (Feld-) Linse.

Das RAMSDENsche Okular. Bringt man die Feldlinse an den

Ort des Bildes, so wird dessen Größe nicht geändert, wie auch die Brennweite der Feldlinse sein mag. Aus Gründen, die bei den Farbenfehlern in den Okularen erörtert werden sollen (S. 57), wählt man als *Augenlinse* (Abb. 37) eine gleich starke Linse, die um ihre Brennweite von der Feldlinse absteht. Diese beiden Teile bilden dann die Austrittspupille des Objektivs auffangbar hinter der Augenlinse in $P'$ ab, so daß man die Augenpupille in ihre Nähe bringen kann. Durch diese Austrittspupille des ganzen Mikroskops (auch RAMSDENscher Kreis genannt) wird wie durch ein Schlüsselloch (S. 26) das im Unendlichen liegende Bild betrachtet, wobei man für die Seitenteile des Gesichtsfeldes Kopf und Augen ein wenig bewegen muß. Von der hier erörterten einfachsten Anlage weichen die Formen des RAMSDENschen Okulars insoweit ab, als man die Feldlinse nicht unmittelbar in, sondern etwas hinter das Zwischenbild bringt, um nicht etwa den Staub auf der Feldlins zugleich vergrößert im Bilde zu sehen. Da die vordere Brennebene des Okulars zugänglich ist, so kann man in ihr Meßvorrichtungen (Fäden, Kreuze, Okularmikrometer) bequem anbringen. — Die bei $O'$ gezeichnete Gesichtsfeldblende liegt in der Ebene des Zwischenbildes, ihr scheinbares Bild auf der Dingseite also in der Einstellebene. Nach S. 10 besteht mithin eine scharfe Gesichtsfeldgrenze.

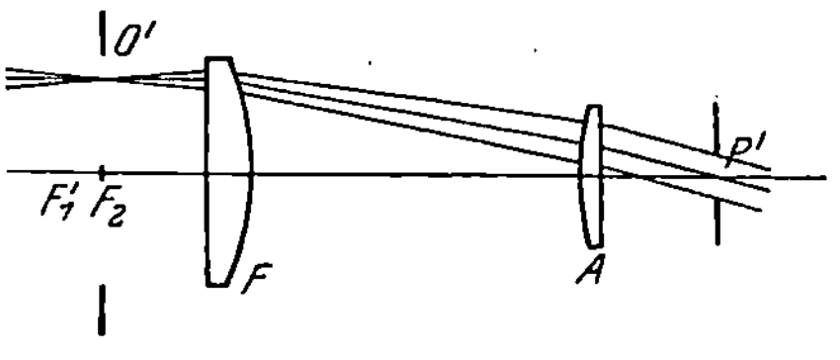

Abb. 37. Das RAMSDENsche Okular.
Linse $F$ = Feldlinse,
Linse $A$ = Augenlinse.

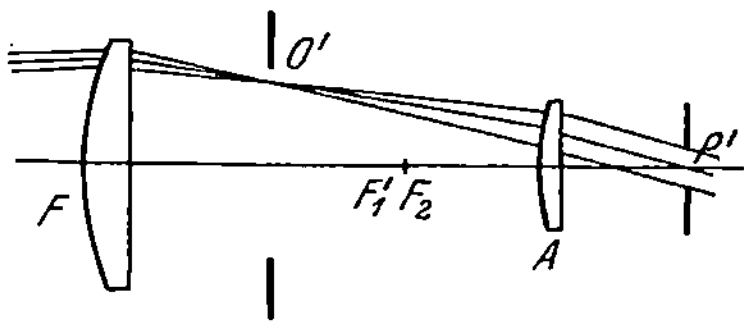

Abb. 38. Das HUYGENsische Okular.
Linse $F$ = Feldlinse,
Linse $A$ = Augenlinse.

Das HUYGENsische Okular. Hier bringt man die schwächere Feldlinse merklich vor den Ort des Zwischenbildes, und die doppelt so starke Augenlinse hat dann das durch die Feldlinse etwas verkleinerte Zwischenbild im Unendlichen abzubilden. Dabei (Abb. 37 und 38) gleicht der Innenabstand beider Linsen — gleiche Okularbrennweiten vorausgesetzt — bei dem HUYGENsischen Okular fast genau dem bei dem RAMSDENschen. Die Austrittspupille des ganzen Mikroskops ist wieder auffangbar und liegt etwas hinter der Augenlinse. Auch bei diesem Okular tritt wieder die Schlüssellochbeobachtung durch den RAMSDENschen Kreis ein. — Für die Okularblende $O'$, die in dem Luftraum des

HUYGENSischen Okulars liegt, gilt das gleiche wie oben: auch das HUYGENSische Okular liefert ein Gesichtsfeld mit sprunghaftem Übergange von Hell zu Dunkel.

Bei diesen beiden Okularformen wird auf die Hebung der Kugelabweichung gar keine Rücksicht genommen, denn bei dem kleinen Öffnungsverhältnis (unter 1:20) ist die Bildverschlechterung durch die Kugelabweichung ganz unmerklich. Von den Farbenfehlern läßt man die Verschiedenheit der farbigen Vereinigungsweiten bestehen, dagegen wird durch die zweckmäßige Wahl des Abstandes der beiden einfachen Linsen den durch das Okular von einem farbenfreien Zwischenbilde gelieferten farbigen Bildern die gleiche scheinbare Größe gegeben. Verständlicherweise ist diese Eigenschaft für die stärkeren Mikroskopobjektive nicht sehr vorteilhaft, weil sich bei deren Zwischenbildern (s. S. 52) schon eine Farbenverschiedenheit der Vergrößerung zeigt, die also durch die Okularvergrößerung nur verdeutlicht wird. Daß diese Erscheinung — und zwar in gleichem Maße — auch bei den Apochromaten zu beobachten ist, wurde ebenfalls schon (auf S. 55) bemerkt. Um sie verschwinden zu lassen, berechnete E. ABBE die *Kompensations-* (Ausgleichs-) *Okulare.* Er gab diesen Vorkehrungen von wesentlich verwickelterem Bau eine bestimmte Farbenverschiedenheit der Vergrößerung, die aber gerade im umgekehrten Sinne wirkte wie bei den Objektiven, so daß also diese Okulare für Rot eine kürzere Brennweite erhielten als für Blau und somit dem Auge ein ganz farbenreines Bild boten. Als Beispiel sei für ein Objektiv nach S. 41 angenommen $V_{1\,rot} = 60$; $V_{1\,blau} = 61$ und für ein Kompensationsokular $f'_{2\,rot} = 45$ mm; $f'_{2\,blau} = 45{,}75$ mm, dann ist die Vergrößerungszahl $\mathfrak{N}$ des ganzen Mikroskops als $\mathfrak{N} = V_1 l / f'_2$ zu bestimmen, und das ergibt für Rot $60 \cdot 250 : 45 = 333$ und für Blau $61 \cdot 250 : 45{,}75 = 333$. Nach dem Vorhergehenden kann man also die Kompensationsokulare vorteilhaft auch für die stärkeren Achromate verwenden.

**g) Das Leuchtgerät oder der Kondensor**[1] soll beim Mikroskop, wie bei dem Bildwurf im durchfallenden Licht (S. 116), die meistens durchscheinenden Schaudinge bequem durchleuchten; insofern könnte man das Leuchtgerät noch passender nach P. MAYER† als *Durchstrahler* bezeichnen. Ein Unterschied von der Anwendung

---

[1] Das ist eine sprachlich unschöne Bildung, da das dem Englischen entlehnte Wort Kondenser heißen müßte. Aber auch die Auffassung, die zu dieser Bezeichnung „Verdichter" geführt hat, ist irrig. Das Licht wird durchaus nicht verdichtet, sondern verdünnt, und nur die Beleuchtungsstärke wird erhöht. Indes hat E. ABBE einsehen müssen, daß sich damals der von ihm vorgeschlagene Ersatz *Illuminator* = Leuchtgerät nicht einführen ließ.

am Bildwerfer besteht aber darin, daß beim Mikroskop häufig enge Lichtbündel gebraucht werden von einer Schiefe zwischen 0° und dem größten Öffnungswinkel $u$ des Objektivs, die sich mit einem einfachen Spiegel meist nur unbequem erreichen läßt. Um diese verschiedenen Forderungen zu erfüllen, baute E. ABBE 1872 sein Leuchtgerät (Abb. 39) wie ein aus einfachen Linsen ge-

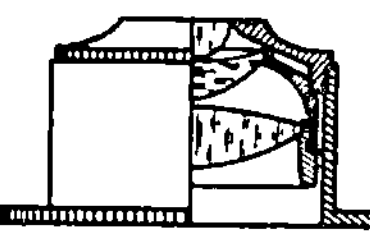

Abb. 39. Ein dreilinsiges Leuchtgerät. Ein zweilinsiges ist auf Abb. 41 bei *g* zu sehen.

bildetes Mikroskopobjektiv mit sehr weiter Öffnung. Dann sind alle Strahlen vorhanden, und durch einfaches Verschieben einer Blende nahe an der vorderen Brennebene des Leuchtgeräts kann man bequem eine vorgeschriebene Schiefe des Lichtbündels erhalten. — In der Mikrophotographie werden manchmal höhere Ansprüche an die Leuchtgeräte gestellt, und es werden dann auch *achromatische Leuchtgeräte* angefertigt, oder man benutzt als solche gar umgekehrte Mikroskopobjektive. Um die Lichtstrahlen bequem hinauf zu lenken, gibt man dem Leuchtgerät noch einen Spiegel bei.

Besondere Formen des Leuchtgeräts sind für die Dunkelfeldbeleuchtung (s. S. 48) angegeben worden. Um ihre Ausbildung haben sich in den letzten Jahrzehnten besonders W. v. IGNATOWSKY und H. SIEDENTOPF verdient gemacht; dabei werden Spiegelungen zu Hilfe genommen.

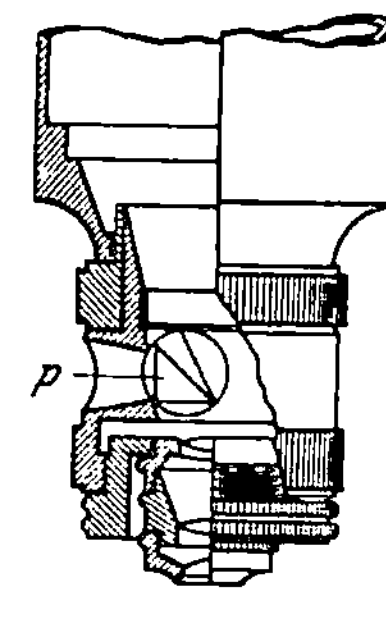

Abb. 40. Der Aufstrahler (Vertikalilluminator). Das spiegelnde Prisma *p* regelt den Strahlengang für die Beleuchtung.

Für undurchsichtige Schaudinge, die bei *auf*fallendem Licht betrachtet werden sollen, läßt sich bei starken Objektiven mit kleinen Arbeitsabständen das nötige Licht nur schwer beschaffen. Man verwendet dann den *Aufstrahler* (Vertikalilluminator) nach Abb. 40 und benutzt dabei die eine Hälfte des Objektivs selbst zur Beleuchtung, die andere zur Beobachtung.

**h) Das Stativ oder der Ständer des Mikroskops.** Wenigstens einige Worte mögen der mechanischen Ausrüstung (Abb. 41) des Mikroskops gewidmet werden. Die Aufgabe, Objektiv und Okular in der richtigen Entfernung voneinander und zueinander ausgerichtet zu erhalten, erfüllt der *Tubus* oder das *Rohr*, dessen Länge die Größe von $\Delta$ bestimmt (s. S. 41). Man unterscheidet das *kurze festländische* (mit etwa 16 cm Länge) von dem *langen englischen Rohr* (mit etwa 25 cm). Für wissenschaftliche Untersuchungen scheint das erste jetzt häufiger angewendet zu werden. Das Schauding liegt unter dem Rohrende auf dem *Tische*. An diesem gestatten häufig *Feinbewegungen,* sowohl die beiden Verschiebungen (nach vorn und nach hinten, sowie nach rechts und nach links) als auch die Drehung um die Tischmitte vorzunehmen und zu messen. Man stellt ein, indem man den Abstand zwischen dem Schauding und dem mit Objektiv und Okular versehenen Rohr ändert. Dazu sind an Ständern für stärkere Objektive zwei Bewegungseinrichtungen vorgesehen. Die erste, für schwächere Vergrößerungen genügende, *grobe Einstellung*, besteht jetzt meist aus Zahn und Trieb; die Zähne sind häufig schief geschnitten, um einen sanften Gang hervorzubringen. Diese Bewegung wird durch die *Feineinstellung* ergänzt. Damit läßt sich, sei es mittels einer Mikrometerschraube oder eines Hebelwerks, das Rohr außerordentlich fein heben und senken (meßbar bis zu $1\,\mu$ hinab). Unter dem Tisch ist das *Leuchtgerät* angebracht, das bloß aus einem ebenen Spiegel bestehen kann, meistens aber sowohl spiegelnde als auch brechende Flächen enthält.

**i) Die Mikroskope für beide Augen.** Daß bisher ausschließlich die Mikroskope für ein Einzelauge besprochen worden sind, liegt an ihrer ganz überwiegenden Bedeutung für die Forschung. Man kann sie aber auch für das beidäugige Sehen geeignet machen, indem man entweder jedem Auge dasselbe Bild darbietet, was manchem Benutzer die Beobachtung außerordentlich erleichtert, oder ein körperhaftes oder Raumbild erstrebt. Meistens

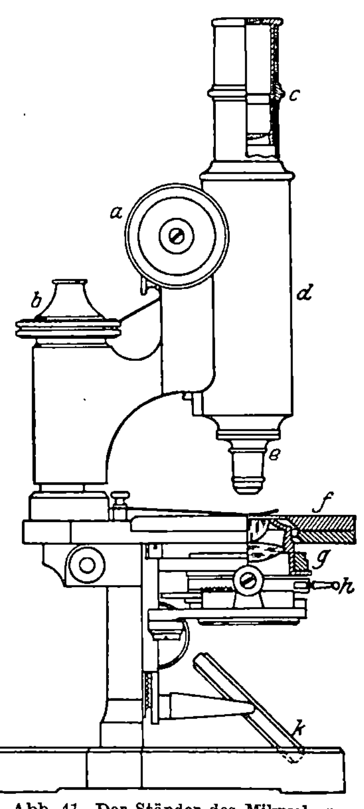

Abb. 41. Der Ständer des Mikroskops.
*a* Die Schraube der groben, *b* der feinen Einstellung, *c* Okular (nach HUYGENS), *d* Rohr (oder Tubus), *e* Objektiv, *f* Tisch, *g* zweilinsiges Leuchtgerät (s. auch Abb. 39), *h* Griff der Stellblende, *k* Spiegel zur Regelung der Beleuchtung.

läßt man für eine beidäugige Tiefenwahrnehmung die rechte und die linke Hälfte des Objektivs gesonderte Bilder entwerfen, die dem rechten und dem linken Auge dargeboten werden. Gespalten werden die Strahlenbündel entweder mechanisch, d. h. nach Strahlen*gruppen*, durch brechende oder spiegelnde Prismeneinrichtungen (F. H. WENHAM, A. NACHET) oder physikalisch, für jede *einzelne* Strahlen*richtung*, durch besondere teils durchlassende, teils spiegelnde Schichten (E. Abbes stereoskopisches Okular). Für schwache Vergrößerungen läßt man aber auch jedes Auge in ein besonderes Mikroskop schauen, die beide auf denselben Punkt des Schaudinges gerichtet sind. So erhält man stets einen körperhaften Eindruck. Schon die älteste Form des beidäugigen Mikroskops (von Chérubin d'Orléans) war so beschaffen, und in neuerer Zeit hat man dem Greenoughschen beidäugigen Mikroskop diese Einrichtung gegeben. Ein unmittelbar auf die Raumgliederung der Dingseite zu übertragender Tiefeneindruck ist nur für schwache Vergrößerungen möglich, weil nur schwache Objektive eine genügende Tiefe haben, um auch uneingestellte Dingteile erkennen zu lassen.

**k) Die Verwendung des Mikroskops zum Bildwurf und zu Vergrößerungen.** Am einfachsten sei dieser Gebrauch beim Bildwurf erläutert (s. S. 39). Man kann vielen Zuschauern das Schirmbild gleichzeitig zeigen und beschreiben, denn den Zwecken der Forschung dient das Schirmmikroskop nicht, sondern vornehmlich denen des Unterrichts. Dem, was auf S. 47ff. über das Auflösungsvermögen gesagt wurde, braucht nicht viel hinzugefügt zu werden. Die Vergrößerung [$N$] ändert sich dabei dem Schirmabstande $D$ entsprechend. Bei der Ermittlung der Beleuchtungsstärke auf dem Schirme muß beachtet werden, daß sich die ein Dingflächenstück durchsetzende Lichtmenge nachher auf einen Bildteil ausbreitet, dessen Flächeninhalt [$N^2$]-mal so groß ist wie der des zugehörigen Dingteils, und daß ferner nur ein verhältnismäßig kleiner, von der Schirmbeschaffenheit (s. S. 88) abhängiger Teil allseitig weitergestrahlt wird. Wie groß der Zuschauer die kleinste Einzelheit sieht, hängt von seinem Abstande $\mathfrak{D}$ von dem Bildschirm ab (S. 40); steht sein Auge am Ort $P'$ der Austrittspupille, also $\mathfrak{D} = D$, so ist (Abb. 42) die Vergrößerung der gleich, die er bei gewöhnlichem Gebrauche des Schirm-

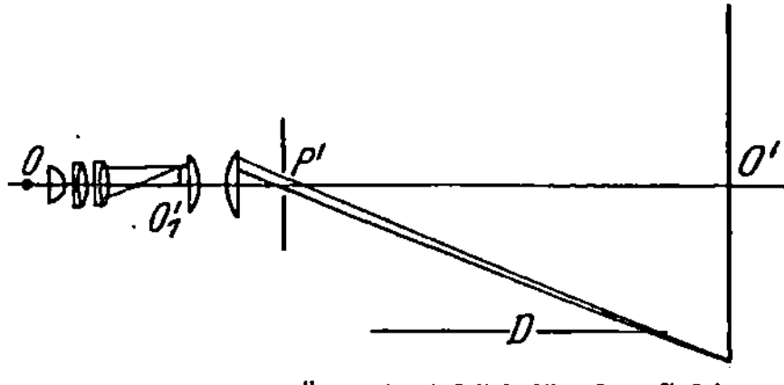

Abb. 42. Ein Übersichtsbild für das Schirmmikroskop.

mikroskops erhalten würde; ist $\mathfrak{D} > D$, so erscheint ihm das Bild entsprechend kleiner. Jedenfalls muß [$N$]$d/\mathfrak{D}$ größer sein als 1/3438 oder tg 1′, wenn die kleinsten Einzelheiten $d$ unbewaffneten Augen überhaupt noch wahrnehmbar sein sollen. Zwar lassen sich die gewöhnlichen Okulare aus einfachen Linsen auch verwenden, doch hat man gleichzeitig mit den Apochro-

maten (S. 55) die *Projektionsokulare* (Schirmgläser) mit besonders guter Farbenhebung hergestellt.

Anders steht es mit der Verwendung des Mikroskops in der
Mikrophotographie: zwar bleibt ihre Bedeutung für Lehrzwecke
sehr groß, aber die Erweiterung der Forschungsmöglichkeiten
tritt namentlich in neuerer Zeit in den Vordergrund.

Die Vergrößerung ist hier unter Berücksichtigung des Matt-
scheibenabstandes zu berechnen, wie soeben angedeutet. Eine
sehr wichtige Abweichung von dem vorigen bietet sich hier aber
insofern, als man das Auflösungsvermögen sehr merkbar über
die Grenzen hinaus steigern kann, die der unmittelbaren Beobachtung gesteckt sind. Für diese war (s. S. 45) bereits $A = 1{,}60$
eine Grenze gewesen, die man nur in einigen Fällen hatte erreichen können. Nach S. 48 war die Grenze der Auflösung für
schiefes Licht gegeben durch den Ausdruck (13):

$$d = \lambda/2\,A = \lambda/2\,n\sin u,$$

und es war schon darauf hingewiesen worden,. daß die Mehr-
leistung der Stipplinsen in dieser Richtung durch die Verkürzung
der mittleren Wellenlänge $\lambda$ auf $\lambda/n$ und die damit Hand in Hand
gehende Verschmälerung der Beugungserscheinung zu erklären
ist. Die starke chemische Wirksamkeit der kurzwelligen Strahlen
bietet nun die Möglichkeit zu weiterer Verkürzung der wirksamen
Wellenlänge und gleichzeitiger Herabdrückung der Maße der
kleinsten noch zugänglichen Einzelheiten. Schon bald — im Anfange der sechziger Jahre — hatte man bemerkt, daß sich das
Auflösungsvermögen von Mikroskopobjektiven bei der Beobachtung mit blauem Lichte und bei photographischen Aufnahmen
steigere; man hatte sich auch schon bemüht, die nach S. 52
mangelhafte Strahlenvereinigung der gewöhnlichen Mikroskopobjektive für blaues Licht zu verbessern. Die Aufhebung der
Farbenverschiedenheit der Kugelabweichung in den Apochromaten und die Herstellung der recht farbenfreien Projektionsokulare (Schirmgläser) hätten die Mikrophotographie wohl wirksam[1] fördern können.

Aber dieser Vorteil der Apochromate, das Auflösungsvermögen
durch photographische Aufnahmen zu steigern, wurde nicht sehr
häufig ausgenutzt. Viel weiter kann man dabei kommen, wenn

---

[1] Konnte man doch im äußersten Falle noch Licht von der Wellen-
länge $\lambda = 0{,}448\,\mu$ oder gar $0{,}383\,\mu$ anwenden und damit die kleinsten
Einzelheiten auf $0{,}82\,\mu$ oder gar $0{,}7\,\mu$ herabdrücken. — Die Mikrophotographie förderte in neuester Zeit H. BOEGEHOLD, indem er bei CARL ZEISS
in Jena zerstreuende Okulare für Mikrophotographie mit geebnetem Bildfeld, *Homale,* ausführen ließ.

man für die Aufnahmen ganz kurzwellige, im ultravioletten Gebiete liegende Strahlen benutzt, die auf das Auge überhaupt nicht mehr wirken. Dieser Weg ist in der ZEISSISCHEN Werkstätte von A. KÖHLER beschrieben worden. Ursprünglich schien es hinderlich, daß die gewöhnlichen Glasarten für Licht so kurzer Wellenlänge undurchlässig sind, doch ließ sich glücklicherweise dem Bergkrystall (Quarz) durch Erhitzung sein Krystallgefüge nehmen, ohne seine hohe Durchlässigkeit für kurzwellige Strahlen zu beeinträchtigen. Die 1904 eingeführten *Monochromate* bestehen allein aus Quarz und bedürfen keiner Farbenhebung (Monochromate = Einfarbenfolgen), weil die Aufnahmen mit ganz einfarbigem Lichte gemacht werden. Solches liefern elektrische Funkenentladungen zwischen Cadmium- oder Magnesiumelektroden. Aus dem unterbrochenen, aus einzelnen Linien bestehenden Spektrum dieses Funkenlichts werden die Linien ausgewählt, die bei $\lambda = 0{,}275\,\mu$ und $0{,}280\,\mu$ liegen. Da es gelungen ist, die Monochromate als Paßöllinsen (mit Glycerin als Stippflüssigkeit) mit einer Öffnungszahl von 1,30 auszuführen, so ist damit die Grenze der Auflösung auf

$$d = 0{,}275\,\mu\,/\,2\times1{,}3 = 0{,}106\,\mu$$

gebracht und die Grenze der Erkennbarkeit so weit hinabgedrückt, daß sich selbst vor den nicht überall verwendbaren Monobromnaphthalinlinsen, wo

$$d = 0{,}55\,\mu\,/\,2\times1{,}6 = 0{,}172\,\mu$$

ist, ein bemerkenswerter Vorteil (von 1,0 auf 0,62) ergibt. Vor anderen Linsen mit geringerer Öffnungszahl ist der Vorteil mit dieser ZEISSISCHEN *mikrophotographischen Einrichtung für ultraviolettes Licht* entsprechend größer. Um die Steigerung des Auflösungsvermögens einfach zu bezeichnen, hat A. KÖHLER den mit dem Verhältnis der benutzten Wellenlänge zu $0{,}55\,\mu$ multiplizierten Wert der Öffnungszahl als *relatives Auflösungsvermögen r. A.* eingeführt, so daß dem hier besprochenen Objektiv ein

$$r.\,A. = 1{,}30 \times 0{,}55\,\mu\,/\,0{,}275\,\mu = 2{,}6 \qquad (15)$$

zukommt.

Betrachtet man diese Lichtbilder mit bloßem Auge aus einem kleineren Abstande als der Schirmweite $\mathfrak{D}$, so erhöht sich die Vergrößerungszahl über den $[N]$ entsprechenden Wert. Neben der soeben besprochenen Steigerung des Auflösungsvermögens hat die Betrachtung dieser Lichtbilder noch das Gute, daß die Deutlichkeit der entoptischen Erscheinungen (s. S. 51) nicht erhöht wird.

Beim Ausarbeiten der ziemlich heiklen Bedienung der mikrophotographischen Einrichtung fand A. Köhler die wichtige Tatsache, daß bestimmte Teile frischer Gewebe das ultraviolette Licht sehr stark verschlucken, während es andere durchlassen, so daß frische ungefärbte Schnitte auf dem Lichtbilde wie gefärbte aussehen. „Dieses Verhalten kann in ähnlicher Weise wie das Vermögen, gewisse Farbstoffe aufzuspeichern, zur Charakterisierung dieser Gewebsbestandteile und zur Kontrolle der durch die Färbungsmethoden erlangten Ergebnisse dienen."

## 3. Die Fernrohre.

Die zweite zusammengesetzte, als Augenhilfe dienende Vorkehrung, das *Fernrohr* oder *Teleskop*, sieht auf ein noch höheres Alter zurück, als selbst das Mikroskop. Da es dem rechtsichtigen Auge ferne Gegenstände wieder in weiter Entfernung, aber unter einem größeren Gesichtswinkel darbieten soll, so ergab sich hier die Zusammensetzung aus zwei Teilen, dem Objektiv und· dem Okular, gleichsam von selbst. Ebenso wie beim Mikroskop wird man zweckmäßig auch hier ihre Wirkung gesondert behandeln.

**a) Die Lagen- und Größenbeziehung.** Hat das Objektiv die positive Brennweite $f_1'$, so wird nach S. 5 ein ferner, dem Auge ebenso wie dem Objektivhauptpunkte unter dem Winkel $w$ erscheinender Gegenstand in der bildseitigen Brennebene des Objektivs in der Größe $y_1'$ abgebildet, die sich nach (5a) ergibt zu

$$\operatorname{tg} w / y_1' = - 1 / f_1'.$$

Läßt man im Falle eines *astronomischen* oder *Himmelsfernrohrs* die vordere Brennebene eines Okulars von der positiven Brennweite $f_2'$ mit der hinteren Brennebene des Objektivs (Abb. 43) zusammenfallen, so wird das dortige Zwischenbild durch das Okular unter dem Gesichtswinkel· $w'$ abgebildet, der sich in gleicher Weise ergibt zu

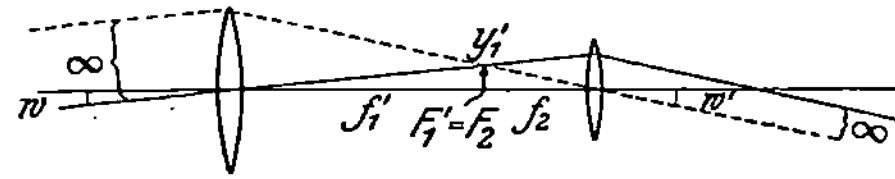

Abb. 43. Zur Ableitung der Vergrößerung $\mathfrak{V}$ des Himmelsfernrohrs aus den Brennweiten von Objektiv und Okular.

$$\operatorname{tg} w' / y_1' = - 1 / f_2 = 1 / f_2'.$$

Für den Benutzer ist zunächst das Zwischenbild von keiner besonderen Bedeutung, und man erhält durch Division beider Gleichungen ineinander die wichtige, der Vergrößerungszahl $\mathfrak{N}$ auf S. 36 entsprechende Beziehung für die Vergrößerung $\mathfrak{V}$:

$$\mathfrak{V} = \operatorname{tg} w' / \operatorname{tg} w = - f_1' / f_2'. \tag{16}$$

Bei Himmelsfernrohren ergibt sich also eine Vergrößerung *negativen* Zeichens oder, anders ausgedrückt, das Bild steht auf dem Kopfe (s. a. S. 37).

Die Okularbrennweite kann aber auch ein negatives Zeichen haben ($f_2' = -\mathfrak{f}_2'$), und eine solche Verbindung eines sammelnden

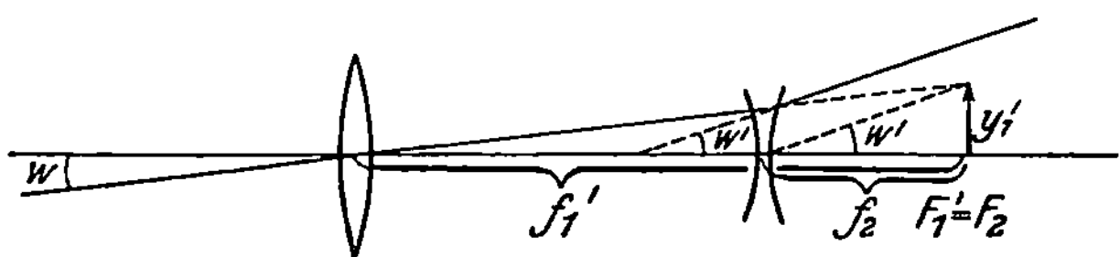

Abb. 44. Zur Ableitung der Vergrößerung $\mathfrak{B}$ des holländischen Fernrohrs aus den Brennweiten von Objektiv und Okular.

Objektivs und eines zerstreuenden Okulars (Abb. 44) soll als *holländisches Fernrohr* noch eingehender behandelt werden. Hier besteht für das Objektiv die Beziehung (5a) weiter, dagegen ergibt sich aus Abb. 44, wenn $y_1'$ wieder das Zwischenbild bezeichnet, für das negative Okular die Beziehung

$$\operatorname{tg} w' / y_1' = -1/f_2 = 1/f_2' = -1/\mathfrak{f}_2'.$$

Wie vorher folgt durch Division

$$\mathfrak{B} = \operatorname{tg} w' / \operatorname{tg} w = f_1'/\mathfrak{f}_2'. \tag{17}$$

Bei den holländischen Fernrohren ist also das Bild *aufrecht*, da $\mathfrak{B}$ einen *positiven* Wert hat (s. a. S. 37).

Die Vergrößerung $\mathfrak{B}$ eines Fernrohrs ist demnach durch das Verhältnis der Objektiv- zur Okularbrennweite gegeben. Da es sich in der Wirklichkeit fast nie um verkleinernde Fernrohre handelt, so sei im folgenden stets $f_1' > f_2'$ ($\mathfrak{f}_2'$) angenommen.

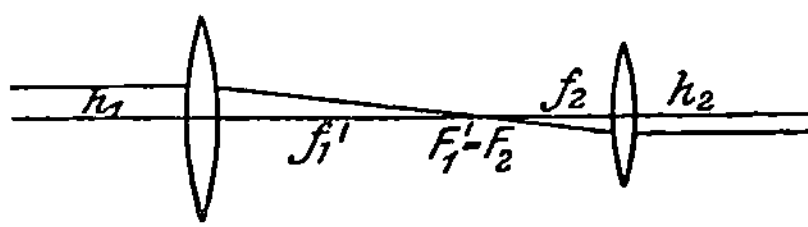

Abb. 45. Zur Ableitung der Vergrößerung $\mathfrak{B}$ des Himmelsfernrohrs aus den Achsenabständen gerader, zugeordneter Öffnungsstrahlen.

Da die Feststellung der Brennweiten nicht immer bequem ist, so ersetzt man sie vorteilhaft durch leichter zugängliche Längen. Nach der Abb. 45 geschieht das bequem durch die Achsenabstände $h_1$ und $h_2$ ein- und austretender zugeordneter Öffnungsstrahlen, die für dünne Linsen im gleichen Verhältnis zueinander stehen, wie die Brennweiten. Eben dieses Verhältnis ergibt sich nach Abb. 46 auch für das holländische Fernrohr. — Aus den gleichen Abbildungen leuchtet auch unmittelbar ein, daß die Strahlen im bildseitigen Öffnungsbündel $(h_1/h_2)^2 = \mathfrak{B}^2$-mal so zahlreich sind, wie die im dingseitigen Öffnungsbündel gleichen Durchmessers.

**b) Die Strahlenbegrenzung.** Die Hauptstrahlen äußerster Neigung $\overline{w},\overline{w}\,'$, die noch ein Fernrohr durchsetzen können, bestimmen sein dingseitiges oder *wahres* Gesichtsfeld zu $2\overline{w}$ und sein bildseitiges oder *scheinbares* zu $2\overline{w}'$. Das Gesichtsfeld ist scharf begrenzt, wenn die Austrittsluke (S. 10) im Unendlichen, und unscharf, wenn sie im Endlichen liegt. Beide Fälle kommen vor: der erste bei den Himmelsfernrohren

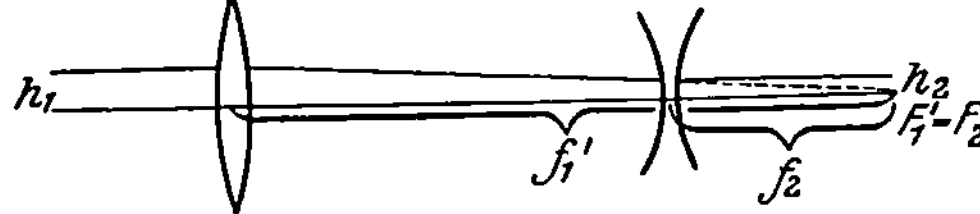

Abb. 46. Zur Ableitung der Vergrößerung $\mathfrak{B}$ des holländischen Fernrohrs aus den Achsenabständen gerader, zugeordneter Öffnungsstrahlen.

mit den bekannten Okularen (S. 56), der zweite bei den holländischen Fernrohren, wo diese Luke das von dem Okular entworfene Bild der Objektivfassung ist.

Stellt man $\overline{w}'$ durch Messung fest, so ist $\overline{w}$ durch die Beziehung (16) oder (17)

$$\mathfrak{B} = \mathrm{tg}\,\overline{w}'\,/\,\mathrm{tg}\,\overline{w}$$

leicht zu finden. Oft setzt man auch mit angenäherter Gültigkeit

$$2\,\overline{w}' : \mathfrak{B} = 2\,\overline{w}, \tag{18}$$

d. h. in Worten: das wahre Gesichtsfeld ist gleich dem durch die Vergrößerung geteilten scheinbaren Gesichtsfelde. Daß man dabei in der Regel keine größeren Fehler macht, liegt daran, daß $2\overline{w}'$ bei den meisten Okularformen den Betrag von $50^{0}$ nur eben erreicht. Allerdings hat man in neuester Zeit dem Gesichtsfelde von Fernrohrokularen den erstaunlichen Wert von $2\overline{w}' = 70^{0}$ gegeben, und da läßt sich diese Regel nicht mehr anwenden.

Befänden sich alle Gegenstände auf einer weit entfernten Ebene, so wäre zur Strahlenbegrenzung keine weitere Angabe zu machen als die, ob das Fernrohr das natürliche unbehinderte Sehen mit bewegtem Auge gestatte, oder ob die Schlüssellochbeobachtung (S. 26) eintreten müsse. Und so verhält es sich tatsächlich mit den *Himmelsfernrohren*. Bei den weit verbreiteten *Erd-* oder *terrestrischen Fernrohren* aber liegen die Gegenstände zwar fern, aber doch nicht in einer einzigen Ebene, und daher sind hier Perspektive und Tiefe zu berücksichtigen. Die allgemeinen Grundsätze dafür wurden schon auf S. 12 angegeben, und die besonderen Feststellungen über Lage und Größe der Eintrittspupille sollen bei den einzelnen Fernrohrformen gemacht werden. Dem Fernrohr im allgemeinen aber ist eigentümlich die unendliche Entfernung der Einstellebene, auf der das Abbild zu entwerfen ist, und ferner die Vergrößerung der dingseitigen Gesichtswinkel $w$, worin ja gerade das Wesen der Fernrohrvergrößerung besteht. Nach S. 28 ist dadurch eine Änderung der Perspektive bedingt. Einzelfernrohre liefern Bilder von Raumdingen mit einer Abflachung, die der Fernrohrvergrößerung $\mathfrak{V}$ entspricht, doch erscheint bei geeigneten Gegenständen (rasch nach hinten verlaufenden Fensterreihen, Backsteinschichten) gelegentlich auch der Hintergrund vergrößert.

**c) Die Strahlungsvermittlung.** Solange das Fernrohr *flächenhaft* ausgedehnte Gegenstände wiedergibt, deren scheinbare Größe einen endlichen Wert hat, wird die Helligkeit nur dann wesentlich vermindert, wenn die Austrittspupille des Fernrohrs kleiner ist als die Augenpupille. Ist das nicht der Fall, so treten, wie soeben gezeigt wurde, zwar von jedem Punkte der entfernten Fläche $\mathfrak{V}^2$-mal soviel Strahlen in das Auge, aber auch die scheinbare Ausdehnung des Bildes ist auf das $\mathfrak{V}^2$-fache gebracht worden, so daß sich schließlich dieselbe Helligkeit ergibt wie für das unbewaffnete Auge. Erst dann, wenn die Augenpupille $2\,\Pi$ nicht mehr von dem austretenden Strahlenbündel $2\,h_2$ ausgefüllt wird, nimmt die Helligkeit ab, und zwar auf $(h_2/\Pi)^2$ der für das unbewaffnete Auge geltenden. Ganz anders aber steht es mit *punktmäßigen* Gegenständen. Dazu gehören namentlich die Fixsterne, die so gewaltig weit von der Erde entfernt sind, daß sie auch in dem stärksten Fernrohr nur als Punkte wahrgenommen werden. In diesem Falle werden alle auf die Objektivöffnung fallenden Sternstrahlen $C \cdot (h_1)^2$ auf nur einer Empfindungseinheit der Netzhaut vereinigt, die vom unbewaffneten Auge doch nur $C \cdot (\Pi)^2$ Strahlen erhalten würde. Die Helligkeitssteigerung von Fixsternbildern ist also durch den Bruch $(h_1/\Pi)^2$ gegeben. Man ersieht daraus ohne weiteres, wie wichtig ein großes Objektiv für die Erkennbarkeit von Sternen ist. Als Beispiel sei ein größeres Fernrohrobjektiv von $2\,h_1 = 60$ cm Durchmesser und der Durchmesser der Augenpupille bei der Betrachtung des Fixsternhimmels auf $2\,\Pi = 6$ mm angenommen, dann ist $h_1/\Pi = 100$, und also die Helligkeit bei der Betrachtung von Fixsternen auf das 10000-fache gesteigert. Während ein ungewöhnlich gutes Auge unbewaffnet noch Sterne der 5. bis 6. Größenklasse erkennt, vermag es durch ein solches Fernrohr unter günstigen Umständen (guter Luftbeschaffenheit, so daß die Bilder nicht schwanken) noch Sterne der 15. bis 16. Klasse wahrzunehmen.

Etwas anders wird die Helligkeit (s. oben auf S. 13) durch die Spiegelungs- und Durchgangsverluste.

Unter den Ausführungsformen der Fernrohre sind zwei große Klassen zu unterscheiden, je nachdem bei ihnen ein *Zwischenbild* entworfen wird oder *nicht.*

**d) Die holländischen Fernrohre.** Ein solches Fernrohr *ohne*

Zwischenbild besteht — ähnlich wie das auf S. 85 zu behandelnde
Teleobjektiv — aus einer Sammelfolge langer Brennweite $f_1'$ als
Objektiv und einer stärkeren Zerstreuungslinse oder -folge mit
$f_2'$ als Okular. Innenblenden, die bei manchen Ausführungen vorkommen, seien hier unberücksichtigt gelassen. Schon auf S. 65
war bemerkt worden, daß
das vom Okular entwor-
fene Bild der Objektiv-
fassung die Austrittsluke
abgibt. Das Auge hat also
(Abb. 47) unmittelbar vor
sich die Fassung der Ne-
gativlinse und dahinter
das unzugängliche (vir-
tuelle) Bild der Objektiv-

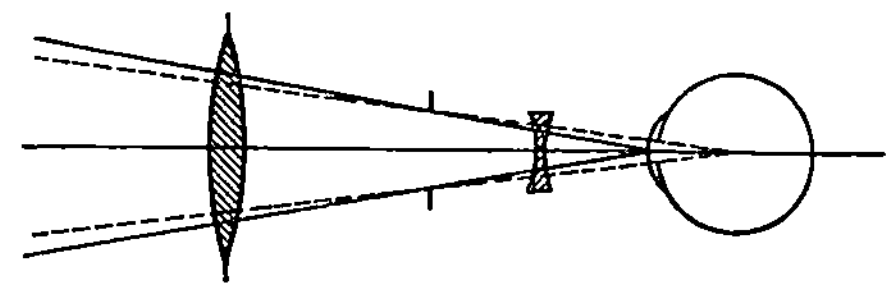

Abb. 47. Ein Übersichtsbild für das scheinbare
Gesichtsfeld im holländischen Fernrohr.
———— Strahlen für das ruhende Auge (im indirekten
Sehen).
-------- Strahlen für das bewegte Auge (im direkten
Sehen.)

fassung, wodurch wie durch ein rundes Fenster die Gegenstände
wahrgenommen werden, die im Gesichtsfelde des Rohres liegen. In
dem dargestellten Falle eines aus einfachen Linsen ($f_1' = 6$ cm,
$2 h_1 = 3$ cm; $f_2' = -2$ cm, $2 h_2 = 1$ cm) zusammengesetzten holländischen Fernrohrs dreimaliger Vergrößerung sei der Abstand
zwischen dem Hornhautscheitel und der letzten Okularfläche zu
12 mm angenommen, so daß die Pupillenmitte von der Okularfläche 15 mm und von dem auf ⅓ (also 1 cm) verkleinerten Bild
der Objektivfassung 28,3 mm absteht. Dann handelt es sich für
die hier gewählten Linsendurchmesser bei einer Beziehung der
Winkel $w$ auf die Pupillenmitte um ein scheinbares *Gesichts*feld
von 20°. Dabei wird aber der Rand des Feldes gar nicht deutlich
gesehen; das würde er nur, wenn man an den Ort der Augenpupille eine Blende brächte und durch sie wie durch ein Schlüsselloch nach dem Rande blickte. Da diese Einrichtung nicht getroffen
wird, so dreht sich das Auge um seinen Drehpunkt und beschreibt
in diesem Falle einen Winkel von nur 7,5°. Das scheinbare *Blick*-
feld beträgt also — wieder für die hier gewählten Linsendurchmesser — nur etwa 15°, weil der Augendrehpunkt weiter von
dem Bilde der Objektivfassung entfernt ist als die Mitte der
Augenpupille. Das holländische Fernrohr wird so benutzt, weil
die Austrittspupille des Instruments unzugänglich ist, aber dem
Auge doch unter einem verhältnismäßig großen Sehwinkel erscheint. Einen deutlicheren Einblick in diese einigermaßen verwickelten Verhältnisse auf der Ding- und der Bildseite liefert
Abb. 48.

Ist für das mit dem Auge verbundene holländische Fernrohr
der Augendrehpunkt die Mitte der Austrittspupille, soweit es
sich um das direkte Sehen handelt, so ist nur noch der zugeordnete

Dingachsenpunkt aufzusuchen, der dann als Mitte der Eintrittspupille dient. Die Hauptstrahlen, die von diesem meist mehrere
Dezimeter hinter der Objektivfassung liegenden Punkte ausgehen, bestimmen für das kleine dingseitige Blickfeld die Perspektive, die dann dem Auge unter den größeren bildseitigen
Blickwinkeln dargeboten wird. Infolgedessen müssen nach den

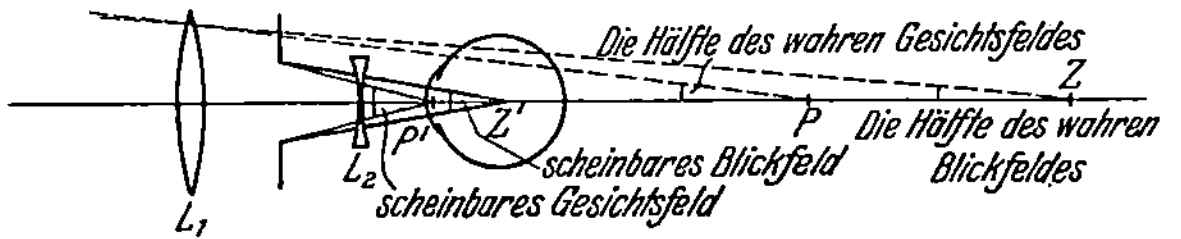


Abb. 48. Blick- und Gesichtsfeld auf der Ding- und der Augenseite eines schwachen
holländischen Fernrohrs. Die scheinbare Pupillenmitte $P$ und der scheinbare Augendrehpunkt $Z$ sind deutlich hervorgehoben. Sie liegen im Sinne der Lichtrichtung
merklich hinter Augenpupille $P'$ und Drehpunkt $Z'$.

allgemeinen Angaben auf S. 28 und den besonderen auf S. 66 die
Gegenstände von bekannter Höhe und Breite auf 1/$\mathfrak{B}$ ihrer Tiefe
zusammengepreßt erscheinen[1]. H. Erfle † hat zuerst in Übereinstimmung hiermit darauf hingewiesen, daß es sich bei dem
holländischen Fernrohr um eine *blendenpunktlose* Anlage handelt,
bei der die Perspektive durch den Augendrehpunkt und nicht
durch das Fernrohr bestimmt wird (s. S. 67).

Was die Strahlenvermittlung angeht, so ist bei den gebräuchlichen holländischen Fernrohren schwacher Vergrößerung das Bild
der Objektivfassung immer größer als die Augenpupille. Soweit
keine Abschattung eintritt, erscheinen also nach S. 66 flächenhaft ausgedehnte Gegenstände lichtschwächer nur wegen der
Spiegelungs- und Durchgangsverluste, und diese Beträge sind bei
der geringen Anzahl von Flächen gegen Luft und den geringen
Linsendicken von keiner großen Bedeutung. Die Lichtstärke ist
sogar ein Hauptvorzug der holländischen Fernrohre, und sie ver-
anlaßt die Wahl dieser Anlage, wo es sich um lichtschwache
Gegenstände handelt, wie bei denen der *Theatergläser* und der
*Nachtgläser* für Seeleute. Für den Rand des Blickfeldes, wo die
von der Augenpupille ausgehend gedachten Strahlenbündel von
dem Bilde der Objektivfassung nicht mehr vollständig durchgelassen werden, nimmt eben infolge dieser Abschattung die
Helligkeit allmählich bis auf Null ab. — Für eine gute Abbildung
muß eine genügende Freiheit von Abbildungsfehlern gefordert

---

[1] Dieser häufig übersehene Umstand tritt sehr auffällig hervor, wenn
man durch ein holländisches Einzelfernrohr einmal von der Objektiv- und
dann von der Okularseite her ein passendes Raumding, etwa eine Straße
oder einen Säulengang, betrachtet. Im ersten Falle hat man dann eine
Vertiefung, im zweiten eine Abflachung bekannter Gegenstände.

werden, doch sind die Ansprüche nicht sehr groß, weil es sich meistens um schwache Vergrößerungen handelt. Die Fehler schiefer Bündel, namentlich der Astigmatismus und die Verzeichnung, sollten für einen mindestens 25 mm hinter der letzten Okularfläche gelegenen Punkt gehoben werden, damit man beim Gebrauche den Augendrehpunkt an diese Stelle bringen kann.

Auf das holländische Fernrohr (*Perspektiv*) suchte bereits 1608 der Middelburger Brillenschleifer JOHANN LIPPERHEY ein Patent zu erhalten. G. GALILEI soll es ein Jahr später auf die erste Nachricht von der Herstellung eines Fernrohrs neu entwickelt haben; er hat es auch gleich zu erfolgreichen Forschungen am Sternhimmel verwendet. Nach seinem Namen ist früher das holländische Fernrohr gelegentlich auch als GALILEIsches Fernrohr bezeichnet worden. Für Sternbeobachtungen hat man bereits im 17. Jahrhundert diese Anlage aufgegeben, dagegen wurde sie wegen ihrer Kürze und ihres geringen Gewichts recht häufig zu Beobachtungen auf der Erde benutzt, wofür die aufrechten Bilder auch besonders geeignet waren. Im 18. und 19. Jahrhundert spielte es als schwach vergrößerndes Handglas (*Perspektiv*, bisweilen auch *Lorgnette*) zur unauffälligen gelegentlichen Unterstützung fehlsichtiger Augen eine große Rolle; so weiß man, daß sich FRIEDRICH der Große und NAPOLEON, beide kurzen Gesichts, im Felde solcher Augenhilfen bedienten. Über Verbesserungen an dieser Einrichtung wird lange nichts berichtet, doch ist die Farbenhebung am Objektiv gelegentlich von J. DOLLOND durchgeführt worden. In Wien wurden 1829 solche Rohre mittlerer Vergrößerung als *Feldstecher* beschrieben. J. PETZVAL verband 1843 ein aus drei Linsen zusammengekittetes Objektiv mit einem solchen Okular und erweiterte das Gesichtsfeld. Heutzutage werden die schwach (etwa zwei- bis dreimal) vergrößernden *Theatergläser* (*Operngucker*) mit einfachen Okularen ausgeführt, während man den stärker vergrößernden Handgläsern (*Krimstechern*; wohl nach den für den Krimkrieg gebauten Rohren höherer Vergrößerung benannt) nicht selten verkittete Okulare gibt. Ihre Verwendung ist aber durch die Prismenfernrohre (S. 77) sehr eingeschränkt worden.

**e) Die Himmelsfernrohre.** Diese Vorkehrungen haben im Gegensatz zu den vorhergehenden ein Zwischenbild. Wie sich schon aus Abb. 45 ergab, werden hier Objektiv und Okular mit dem gleichen Öffnungswinkel benutzt, doch hat jenes eine größere Brennweite als dieses. Was die Bildfehler eines jeden dieser Teile in der gemeinsamen durch $F_1' = F_2$ gehenden Ebene angeht, so werden infolge des Größenverhältnisses der Brennweiten die Zerstreuungskreise vom Objektiv größer sein als die vom Okular, und dasselbe wird von der scheinbaren Größe dieser durch das Okular im Unendlichen abgebildeten Abweichungen gelten. Man verwendet daher zweckmäßig keine stärkeren Okulare als solche, bei denen die Abbildungsfehler unter dem Winkelwert der Sehschärfe bleiben. Die Leistung des Fernrohrs hängt also im wesentlichen von der Fehlerhebung im Objektiv ab.

Was nun die *Strahlenvereinigung im Objektiv* angeht, so ist die Hebung der Farbenfehler hier von einer ganz besonderen Bedeutung. In der Kindheit des Fernrohrs, als man die Farbenfreiheit noch nicht herbeizuführen verstand, war man auf außerordentlich lange Brennweiten (s. S. 73) angewiesen, wenn die Farbenfehler unschädlich bleiben sollten. Als schließlich durch CHESTER MOOR HALL und J. DOLLOND die Hebung der Farben erreicht worden war — nach S. 15 wurde stets ein augenrechter Farbenausgleich herbeigeführt —, blieben bei den verfügbaren Glaspaaren Farben zweiter Ordnung (ein sekundäres Spektrum) übrig; und diese zwangen, wenn nicht die Farbensäume gar zu auffällig werden sollten, ebenfalls zur Ausführung großer Objektive mit einem kleinen Öffnungsverhältnis. Bei den großen Durchmessern der Himmelsfernrohre kann man unmöglich wie beim Mikroskop den Flußspat heranziehen, und man mußte somit nach Glaspaaren mit einem besser übereinstimmenden Gange der Zerstreuung suchen. Dies ist für das Fernrohr dem Glaswerke von SCHOTT & GEN. namentlich im Anfange dieses Jahrhunderts durch das Glaspaar *Fernrohrkron* und *Fernrohrflint* gelungen. — Die Farbenverschiedenheit der Kugelabweichung wußte beim Fernrohr schon 1817 der Göttinger Mathematiker C. F. GAUSS aufzuheben.

Bei der Hebung der Kugelabweichungen großer Fernrohre kommt es namentlich auf eine gute Strahlenvereinigung im Brennpunkte an, weil bei ihnen nur ein kleiner — achsennaher — Teil des Zwischenbildes von den Okularen abgebildet wird. Die Erfüllung der ABBESCHEN Sinusbedingung (damit sich die Mittelschärfe auch seitlich von der Achse ausdehne) erfordert bei den kleinen Öffnungswinkeln $u'$ keine bedeutenden Abweichungen von dem gleichbleibenden Tangentenverhältnis (S. 4). Bei schwachen Fernrohren wird von dem Objektiv ein Feld von größerer Winkelausdehnung verlangt, und dann müssen auch die Fehler der schiefen Bündel, wie Astigmatismus und Bildkrümmung, berücksichtigt werden. — Die Eintrittspupille fällt in der Regel mit der Objektivfassung zusammen, die Austrittspupille ist zugänglich und liegt dicht hinter der letzten Okularfläche. Die Perspektive wird im Dingraum also von dem Mittelpunkt der Objektivfassung aus, im Bildraum von der Mitte der Austrittspupille entworfen. Es handelt sich eben nach H. ERFLE † (S. 68) hier um eine *blendenpunktführende* Anlage, wo die Perspektive durch das Fernrohr selbst bestimmt wird. — Die ersten derartigen, von J. KEPLER bereits 1611 geplanten Himmelsfernrohre (S. 73) sind nach TH. H. COURT schon 1647 von dem Augsburger Optiker JOHANN WIESEL regelmäßig abgesetzt worden.

· Zur *Strahlenvereinigung im Fernrohrokular* sei bemerkt, daß die älteren Himmelsfernrohre mit den gleichen Okularformen versehen wurden, wie die Mikroskope (S. 56). Wie dort erwähnt, ergeben die Okulare von RAMSDEN und HUYGENS umgekehrte Bilder und lassen sich vorteilhaft verwenden, wenn kein allzu großes Gesichtsfeld ($2w' \leq 40^\circ$) von ihnen verlangt wird. Die Farbenhebung beschränkt sich bei ihnen auf die Erreichung gleicher Brennweiten für die verschiedenen Farben: nur für die später zu besprechende Anlage von *Dialyten* (Abstandsfolgen) hatte man nach H. SCHRÖDERS Angabe die ersten *Kompensationsokulare* (Ausgleichokulare) herstellen müssen, wo ebenso wie bei den für Mikroskope (S. 57) bestimmten die rote Brennweite kürzer war als die blaue. — Von den Fehlern schiefer Bündel lassen sich der Astigmatismus und die Bildfeldkrümmung bei diesen verfeinerten Okularen erträglich beseitigen, während eine kissenförmige Verzeichnung zurückbleibt. Diese wurde von C. KELLNER beim RAMSDENschen Okular durch die Einführung einer zweiteiligen Augenlinse aufgehoben. — Ein besonders großes Gesichtsfeld bedingt eine verwickeltere Anlage; in neuerer Zeit, 1921, hat H. ERFLE † bei CARL ZEISS Feldstecherokulare mit dem gewaltigen Gesichtsfeld von $70^\circ$ ausführen lassen.

Handelt es sich um *Erdfernrohre*, so muß im *bildaufrichtenden* (*terrestrischen*) Okular für die Aufrichtung des auf dem Kopfe stehenden Zwischenbildes gesorgt werden, und das geschieht durch eine besondere Umkehrfolge. Das nunmehr umgekehrte Zwischenbild wird dem eigentlichen Okular dargeboten und erscheint danach aufrecht und in weiter Entfernung. Werden höhere Anforderungen, sei es an die Größe des Gesichtsfeldes, sei es an die des Öffnungsverhältnisses gestellt, so wird die Zusammensetzung noch verwickelter. Man wendet dann zwei- oder mehrteilige Umkehrfolgen und Augenlinsen an. Über die ebenen Spiegel zur Aufrichtung des Zwischenbildes s. S. 77. Wegen der Perspektive ist auf das bei der Strahlenbegrenzung (auf S. 65) gesagte zu verweisen.

Die Erdfernrohre scheinen von dem aus Rheidt gebürtigen Geistlichen ANTONIUS MARIA V. SCHYRLE um die Mitte des 17. Jahrhunderts zu stammen. Sein Optiker J. WIESEL hat sie schon 1647 zum Kauf angeboten. — An der Ausbildung des Erdfernrohrokulars haben mehrere Optiker des 18. Jahrhunderts gearbeitet. Eine sehr gute Form geht auf den Münchener Optiker J. FRAUNHOFER zurück (Abb. 49).

Es bleibt nun nur übrig, die Vereinigung von Objektiv und Okular zu einem Himmelsfernrohr nach den verschiedenen Formen zu behandeln.

Die *Spiegelrohre* oder *Reflektoren*. Um die Farbenfehler der einfachen Objektivlinsen zu vermeiden, zog man im 17. und

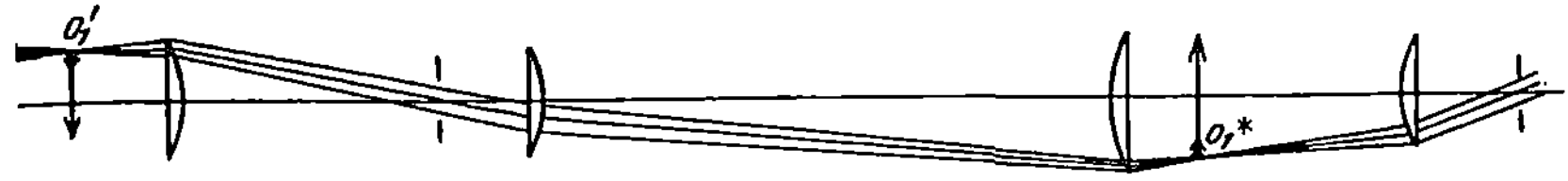

Abb. 49. Ein Erdfernrohrokular.

18. Jahrhundert vor, das Objektiv durch einen (oft parabolischen) *Hohlspiegel* zu ersetzen, da dabei Farbenfehler überhaupt ausbleiben. Ein Hohlspiegel vereinigt auch bei der Ausführung als Kugelfläche für ein ziemlich großes Öffnungsverhältnis die Strahlen in der Achse ausreichend; die ABBEsche Sinusbedingung läßt sich allerdings nicht erfüllen, doch sind Abweichungen von ihr bei einer mittleren Öffnung und einem kleinen Gesichtsfelde nicht so schädlich, daß das Zwischenbild unbrauchbar würde. J. GREGORY ließ 1663 bei seinem Rohr (Abb. 50) das von dem ersten Spiegel entworfene Bild durch einen andern vergrößern und gleichzeitig aufrichten, wobei zugleich die Spiegelverkehrung

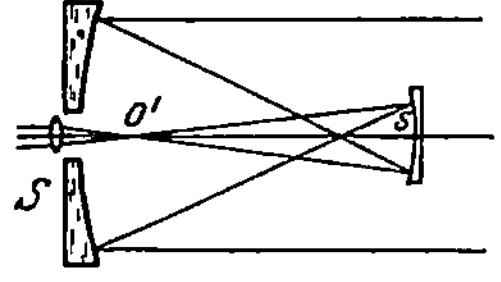

Abb. 50. Der GREGORY-sche Reflektor.

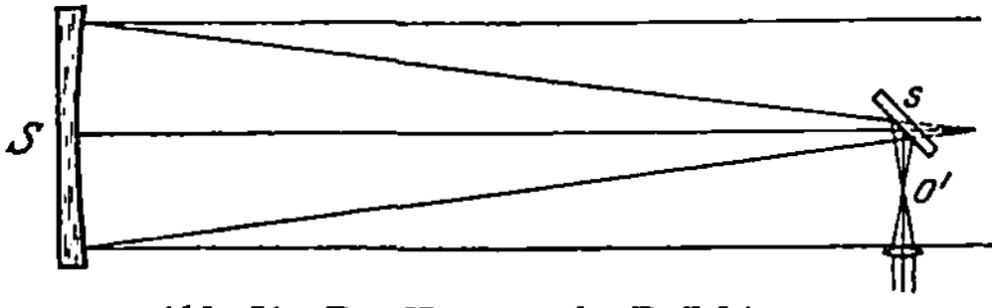

Abb. 51. Der NEWTONsche Reflektor.

aufgehoben wurde. Wie aus der Abbildung ersichtlich, mußte der große Spiegel in der Mitte durchbohrt werden. Diese GREGORYsche Spiegelverbindung empfahl sich namentlich für Erdfernrohre. — Die Form, die I. NEWTON 1671 seinem Spiegelrohr gab, zeigt einen Hohl- und einen ebenen Spiegel, und man sah von der Seite (Abb. 51), ziemlich vom Rohrende aus, in das Fernrohr hinein. Es ist daher häufig die Beigabe eines *Richtfernrohrs* oder *Suchers* erwünscht, dessen Achse der des Spiegelrohrs genau parallel ist. — Ziemlich zu gleicher Zeit mit I. NEWTON baute G. CASSEGRAIN seine Anlage mit zwei Spiegeln (Abb. 52), deren letzter, darin abweichend von GREGORYS Einrichtung, eine erhabene Krümmung hatte; das Bild war infolgedessen umgekehrt. Diese Anlage wurde zu einem *Brachyteleskop* weitergebildet und von K. FRITSCH in Wien ausgeführt. Hier ist der große Hohlspiegel wie bei der sogleich zu besprechenden HERSCHELschen Bauart etwas gegen die Achse geneigt, und auch der an der Seite des Rohrs angebrachte erhabene Spiegel steht zur Fernrohrachse schief, um die durch die Neigung des großen Spiegels eingeführten Fehler schiefer Bündel möglichst zu mindern. — F. W. HERSCHELS Hohlspiegel war etwas schief gestellt, um die zweite Spiegelung in der NEWTONschen Anlage mit den Lichtverlusten zu vermeiden (Abb. 53). Beim größten HERSCHELschen Rohr von 1788 hatte der Spiegel einen Durchmesser von 1,22 m; sein Vorteil bei der Beobachtung von Fixsternen wurde schon (S. 66) hervorgehoben. Eine gleich große Öffnung hat auch das 1869 für Melbourne gelieferte Spiegelrohr

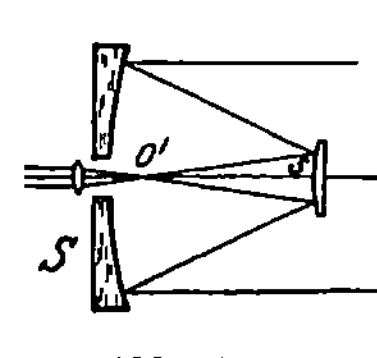

Abb. 52. Der CASSEGRAINsche Reflektor.

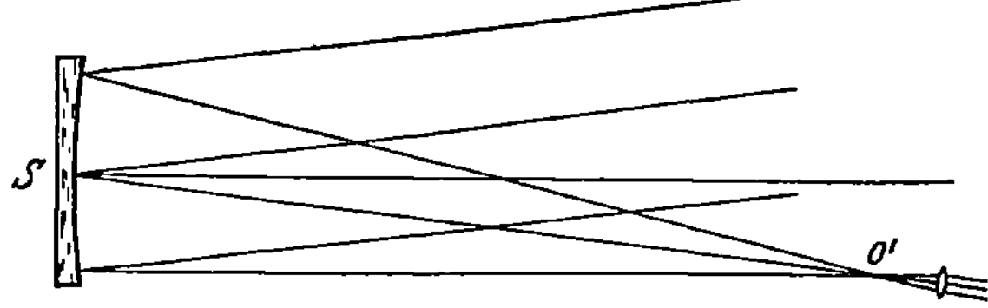

Abb. 53. Der HERSCHELsche Reflektor.

CASSEGRAINscher Anlage, eine noch größere ($2h_1 = 1,83$ m) das ältere Fernrohr Lord ROSSES und das kanadische zu Victoria. Bei dem in neuester Zeit von HOOKER für die amerikanische Sternwarte auf dem Wilsonberg gestifteten Spiegel findet sich sogar eine Öffnung von 2,57 m.

Die *Linsenrohre* oder *Refraktoren*. Ihre Zusammensetzung aus sammelnden Linsenfolgen, dem Objektiv und dem Okular, ist schon (S. 63) erwähnt worden. J. KEPLER hat sie 1611 angegeben, und nach ihm heißen sie auch KEPLERsche Fernrohre. Da damals die Farbenhebung (S. 15) noch unbekannt war, so führte man — s. hierüber auf S. 70 — die einfachen Objektive mit sehr großen Brennweiten aus: solche von 32 m sind gut beglaubigt, doch werden auch Längen von 195 m angegeben. Da man solche Riesenrohre nicht herstellen konnte, so brachte man das Objektiv neigbar und drehbar an einem Mast an und benutzte ein umständlich zu bewegendes Okular, ohne das falsche, das Bild sehr schädigende Licht ganz ausschließen zu können. Man bezeichnete diese Einrichtungen als *Luftfernrohre*. — Als den Bemühungen von CHESTER MOOR HALL und J. DOLLOND (S. 15) die Farbenhebung gelungen war, suchte man diese Verbesserung bald auch auf die Objektive der

Himmelsfernrohre anzuwenden, fand aber in der Beschaffenheit des Rohstoffs (Flints) Schwierigkeiten, da einigermaßen gleichartige Scheiben größeren Durchmessers nicht zu erhalten waren. So hat die DOLLONDsche Werkstätte bis in den Anfang des 19. Jahrhunderts kein achromatisches Objektiv weiterer Öffnung als 12,7 cm herstellen können. Hier wurde Wandel geschaffen durch die Schmelzversuche, die bei UTZSCHNEIDER in Benediktbeuern seit 1805 von dem Schweizer Schmelzmeister P. L. GUINAND begonnen und von J. FRAUNHOFER erfolgreich fortgeführt wurden. Da J. FRAUNHOFER auch ein rechnender und ausführender Optiker von höchstem Range war, so gelangen ihm vollkommene achromatische Fernrohrobjektive mit beträchtlichen Durchmessern (bis zu $2\,h_1 = 24$ cm). Angeboten hat er solche bis zu $2h_1 = 49$ cm. Die nach seinen Angaben weiterarbeitende MERZische Werkstätte erzeugte Objektive bis zu 43 cm Öffnung. Fremde optische Werkstätten erhielten aber von Benediktbeuern keinen Rohstoff, mußten also andere Glashütten beschäftigen. Nach FRAUNHOFERS frühem Tode faßte die Kunst der Schmelzung optischen Glases zuerst unter TH. DAGUET in der Schweiz sowie in Frankreich, nach 1848 auch in England, festen Fuß, und namentlich von der Pariser Hütte ED. FEILS sind sehr große Glasscheiben für Fernrohrobjektive geschmolzen worden. Die gewaltigen Objektive, die A. G. CLARK in Amerika herstellte, so eines von 91 cm Öffnung und 17,6 m Brennweite ($2h_1/f'_1 = 1/19{,}3$) für die LICK- und ein anderes mit $f'_1 = 102$ cm und $2h_1 = 18{,}9$ m ($2\,h_1/f'_1 = 1/18{,}5$) für die YERKESsternwarte sind mit großer Kunstfertigkeit aus den altgewohnten französischen Glasarten angefertigt worden. — 1855 wurde in München von dem Physiker C. A. STEINHEIL eine optische Werkstätte zunächst für Himmelsfernrohre errichtet; sie hat sich sehr erfolgreich mit der Berechnung und Ausführung von Fernrohrobjektiven abgegeben, auch die größten Fernrohre Deutschlands (in Potsdam) mit 50 und 80 cm Durchmesser und $f'_1 = 12$ m (also $2h_1/f'_1 = 1/24$ und $1/15$) stammen dorther. Bei der Wahl der Linsendurchmesser ist von J. WILSING der Einfluß der mit der Linsendicke wachsenden Durchgangsverluste berücksichtigt worden. — Die im Anfang der Schmelzkunst bestehende Schwierigkeit, Flintscheiben von genügendem Durchmesser zu erhalten, brachte den englischen Gelehrten A. ROGERS 1828 auf den Gedanken, in seinen *Dialyten* (etwa Abstandsfolgen) die Flintlinse von der Kronlinse zu trennen, und sie da in den Strahlenkegel einzuschalten, wo sein Durchmesser schon stark verringert war. Wie auf S. 71 bemerkt wurde, führte man dadurch eine Farbenverschiedenheit der Vergrößerung ein, die von dem Optiker S. PLÖSSL nach langem Pröbeln durch eine

Art Kompensations- (Ausgleichs-) Okular gehoben wurde. — Die neuen Glaspaare aus dem Jenaer Glaswerk mit gleichmäßigerem Gange der Farbenzerstreuung wurden um 1886 von S. Czapski zur Berechnung von Fernrohrobjektiven mit vermindertem sekundärem Spektrum verwandt und bei C. Bamberg ausgeführt. Später hat zuerst der englische Optiker H. Dennis Taylor neue dreifache Objektive mit einem Öffnungsverhältnis von 1:15 herstellen lassen, bei denen sowohl das sekundäre Spektrum als auch die Farbenverschiedenheit der Kugelabweichung gehoben war. Der größte mit diesen neuen Glasarten erreichte Durchmesser betrug 32 cm.

*Die Aufstellung der Himmelsfernrohre.* — Das große Gewicht und die bedeutende Länge großer Fernrohre erfordern schon an sich eigene Vorkehrungen für ihre Aufstellung (Abb. 54); ganz besonders notwendig werden sie aber durch den Umstand, daß das auf die Gestirne gerichtete Rohr an der Drehung der Erde um ihre Achse teilnimmt. Seine Achse würde daher, wenn sie nicht zufällig gerade parallel zur Erdachse stände, in 24 Stunden einen vollständigen Kreiskegel im Raume beschreiben und nach und nach auf alle in der Erweiterung des Kegelmantels gelegenen Sterne gerichtet sein. Dieses Wandern aller Sterne eines Breitenkreises wird nun durch die parallaktische Aufstellung des Fernrohrs verhindert. Hierbei dreht ein genau gehendes Uhrwerk die der Erdachse parallele Stunden- oder Polarachse *a a* in 24 Stunden einmal in entgegengesetzter Richtung um. Rechtwinklig an ihr sitzt die Deklinationsachse *b b*. Durch die Verbindung zweier Drehungen um beide Achsen (um den *Stunden-* und um den *Deklinationswinkel*) läßt sich das Fernrohr auf jeden Stern richten und folgt durch das Uhrwerk seiner scheinbaren Bewegung. Die erste voll gelungene parallaktische Aufstellung eines großen Himmelsfernrohrs lieferte J. Fraunhofer im Herbst 1824 an die Sternwarte zu Dorpat.

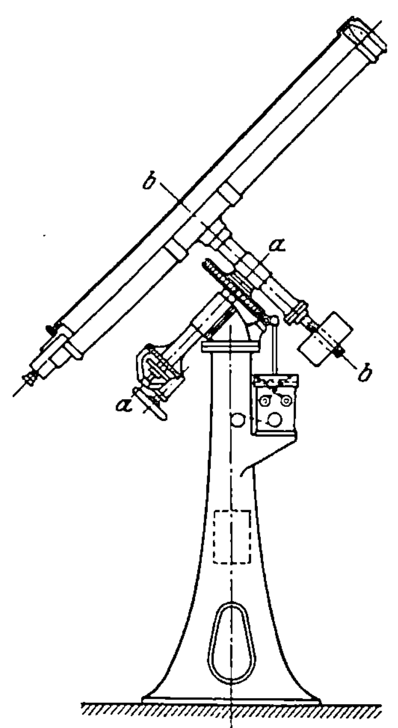

Abb. 54. Die parallaktische Aufstellung eines Refraktors.

**f) Die Erdfernrohre mit fester und mit veränderlicher Vergrößerung.** Schon bei der Besprechung der bildaufrichtenden

Okulare war auf die Notwendigkeit hingewiesen worden, das im Himmelsfernrohr umgekehrte Bild aufzurichten, wenn es sich um irdische Gegenstände handelt. Die dort (S. 72) angegebene, im wesentlichen auf J. Fraunhofer zurückzuführende Anlage wurde während des größten Teils des 19. Jahrhunderts für Erdfernrohre angenommen, die mehr als 15fach vergrößerten. Für den Gebrauch auf dem Lande benutzte man schon seit etwa 1780 der leichteren Tragbarkeit wegen metallene *Schieberohre*, meistens mit drei Auszügen, wobei das letzte das Okular trug. Für den Gebrauch auf der See gab man dem Rohre eine größere Länge, und es war nur der letzte Auszug vorhanden. — Alle diese Geräte lieferten nur eine einzige, meist starke Vergrößerung, so daß sich für die Austrittspupille ein kleiner Durchmesser $2h_2$ ergab. Bei lichtschwachen Gegenständen war damit eine große Helligkeitseinbuße verbunden, und man griff, da man nicht wie bei den Himmelsfernrohren einen Satz von Okularen anwenden konnte, zu Erdfernrohren mit *veränderlicher Vergrößerung*, also auch veränderlichem Durchmesser der Austrittspupille. Solcher gibt es schon seit langem zwei Klassen, je nachdem die Bildgröße durch Veränderungen im Objektiv oder im Okular abgestuft wird. Im ersten Falle verwendet man als Objektiv eine Anlage nach Art des photographischen Teleobjektivs (S. 85), da hier eine geringe Verschiebung des Hintergliedes die Brennweite merklich ändert. Da sich dabei aber der Brennpunkt $F_1'$ verlagert, so muß man durch eine entsprechende Verschiebung Objektiv- und Okularbrennpunkt wieder zusammenfallen lassen. Neuere Vertreter dieser Klasse sind A. C. Bieses Fernrohre mit veränderlicher Vergrößerung. — Im zweiten Falle ändert man im bildaufrichtenden Okular die Vergrößerung des Zwischenbildes; verständlicherweise muß zugleich für eine entsprechende Verschiebung des eigentlichen Okulars gesorgt werden. Diese Anlage ist namentlich von H. Schröder ausgearbeitet worden. — Die besprochenen Bewegungen werden in der Regel derartig gekuppelt, daß ein allmählicher Übergang zwischen den beiden Grenzwerten der Vergrößerung möglich ist, ohne daß dabei die Einstellung leidet.

**g) Die Zielfernrohre.** Eine ganz besondere Anlage des Erdfernrohrs hat sich inzwischen in den Zielfernrohren herausgebildet, die bei der hohen Vollendung der neuzeitlichen Handfeuerwaffen immer mehr an die Stelle des alten *Absehens aus Kimme und Korn* treten. Hier handelt es sich um Fernrohre mit einer Marke (einem Fadenkreuz); sie sind sehr lichtstark, vergrößern meist nur 2- bis 3mal, und die Okularfassung muß vom Auge ziemlich weit abstehen, damit der Rückstoß der Waffe das Auge nicht gefährdet. — Holländische Fernrohre kann man hier nicht verwenden, da sich bei ihnen ein Fadenkreuz nur umständlich anbringen läßt, und so hat man denn Erdfernrohre, sei es mit Linsen-, sei es mit Prismenumkehrung so umgestaltet, daß sich der erforderliche Abstand zwischen Austrittspupille und augennächster Glasfläche ergab.

Nahe verwandt sind die *Richtfernrohre* für Geschütze, die für die jetzt möglichen großen Schußweiten notwendig geworden sind. Da man häufig das Ziel vom Geschützort nicht sieht (*indirektes* Schießen), so wird ein *Hilfs*ziel nötig, und das Richtmittel muß so beschaffen sein, daß seine Achse mit der Seelenachse einen beliebigen, genau ablesbaren Winkel bilden kann.

Eine besonders vorteilhafte Form des Richtfernrohrs ist das *Rundblickfernrohr*, das auf Grund eines Vorschlags von H. W. Ferris durch H. Korrodi und C. P. Goerz ausgearbeitet worden ist. Es erlaubt, den ganzen Gesichtskreis zu bestreichen, ohne daß der Kopf des Zielers eine Bewegung macht; auch bleibt das Bild immer aufrecht.

**h) Die Prismenfernrohre.** Für die mittleren Vergrößerungen (zwischen 6- und 12mal) bestand lange Zeit eine Lücke, da die holländischen Fernrohre nicht zweckmäßig so stark gemacht werden, und die Erdfernrohre nur durch große optische Mittel handlich genug hergestellt werden können. Diese Lücke füllen die *Prismenfernrohre* aus, die zuerst 1850 von dem italienischen Ingenieur I. Porro in Paris hergestellt wurden. — Um das Verständnis zu erleichtern, seien einige Worte über die *Winkelspiegel* vorausgeschickt. Berücksichtigt man, daß Ding und Bild zu einem *ebenen Spiegel symmetrisch* liegen, so ersieht man schon aus der Abb. 55, daß sich für einen *rechtwinkligen* Winkelspiegel die beiden aufeinanderfolgenden Spiegelungen durch eine *Schwenkung* des Gegenstandes um die Spiegelachse im Winkel von 180° ersetzen lassen. — Will man das umgekehrte Zwischenbild eines Himmelsfernrohrs durch rechtwinklige Winkelspiegel aufrichten, deren spiegelnde Flächen nicht parallel zur Objektivachse — das wurde bereits 1861 vorgeschlagen — liegen, so kann man dazu *zwei Winkelspiegel* wählen, deren Kanten sich rechtwinklig kreuzen. Stellt man sich wie in Abb. 56 die erste Kante wagrecht vor,

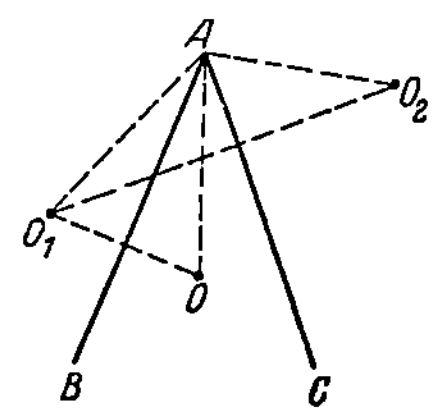

Abb. 55 aus S. 497 des Berlinerschen Lehrbuches.
Zur Wirkung eines beliebigen Winkelspiegels $BAC$. Für einen willkürlich gewählten Dingpunkt $O$ gilt zunächst für die erste Spiegelung an $BA$ und dann für die folgende an $CA$ ohne Rücksicht auf das Winkelzeichen

$$OAO_1 = 2\,OAB = 2\,O_1AB$$
$$O_1AO_2 \hphantom{= 2\,OAB} = 2\,O_1AC$$
$$\overline{\begin{aligned}O_1AO_2 - OAO_1 &= 2\,(O_1AC - O_1AB)\\ OAO_2 \hphantom{- OAO_1} &= 2\,BAC\end{aligned}}$$

Der beliebig liegende Dingpunkt $O$ wird also um den doppelten Betrag des Spiegelwinkels $BAC$ geschwenkt.

so wird das Zwischenbild eines senkrechten Pfeils in einer senkrechten Ebene geschwenkt und dadurch aufgerichtet. Zu gleicher Zeit wird aber auch die Richtung umgekehrt, in der das Bild sichtbar wird: gingen vor der Spiegelung die Strahlen vom Objektiv aus und nach dem Okular hin, so geht die Endrichtung der gespiegelten Strahlen nun wieder auf das Objektiv zu. Um diese Richtung zu ändern, wendet man noch einen Winkelspiegel aber mit senkrechter Kante an; dabei wird das schon aufgerichtete Bild aufrecht um die senkrechte Kante geschwenkt, und — was wesentlich ist — die Strahlen werden nunmehr wieder auf das

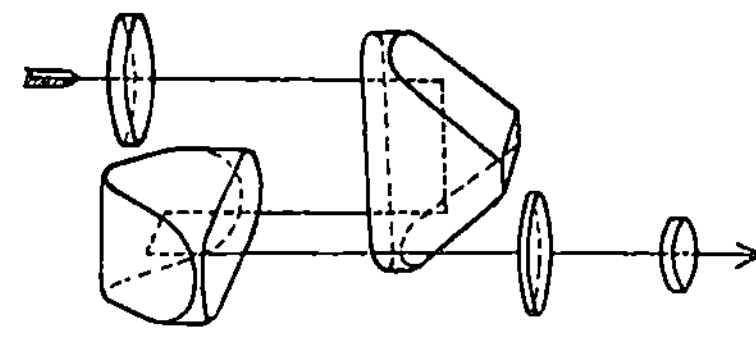

Abb. 56. Die Bildaufrichtung durch ein Paar gekreuzter Winkelspiegel (einen PORROschen Prismensatz zur Verkürzung der Fernrohrlänge); der Pfeil gibt die Lichtrichtung vom Objektiv zum Okular an.

Okular zu gerichtet. — In der Regel werden diese Winkelspiegel durch die Flächen *totalreflektierender* (S. 44) Prismen gebildet, es kommen aber auch *versilberte* Prismenflächen vor. Man kann, wie in Abb. 56, den *Prismensatz* so in die vom Objektiv kommenden Strahlen bringen, daß infolge der Spiegelungen die Strecke zwischen Objektiv und Okular dreimal durchlaufen und damit die Rohrlänge bedeutend verkürzt wird. Dann ist die Parallelversetzung der Objektiv- und Okularachse nicht sehr groß. Bei einer andern, in Abb. 57 dargestellten Form des Prismensatzes kann man diese Achsenversetzung steigern, verzichtet dann aber auf eine wesentliche Verkürzung. — Die

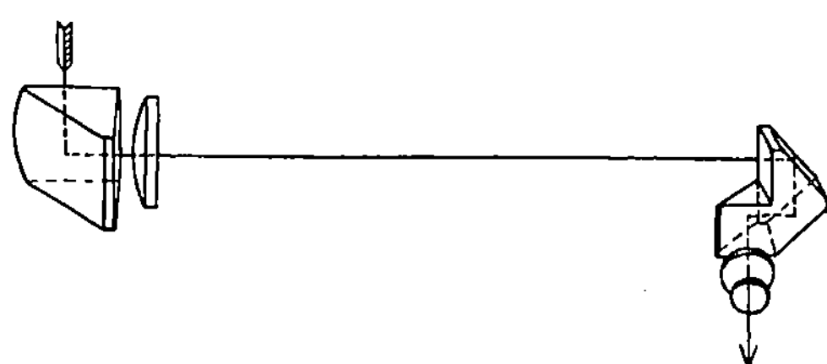

Abb. 57. Die Bildaufrichtung durch ein Paar gekreuzter Winkelspiegel (einen Prismensatz zur Herbeiführung einer großen Achsenversetzung). Der Pfeil zeigt die Lichtrichtung vom Objektiv zum Okular an.

Okulare sind KELLNERsche (S. 71). — Die PORROschen Prismenfernrohre ließen sich, wie namentlich die vergeblichen Versuche in Paris zeigten, nicht regelmäßig herstellen, solange es an einer Glasart fehlte, die lichtdurchlässig, gleichartig und haltbar genug war, um ohne Nachteil für das Zwischenbild als Rohstoff zu dem Prismensatz zu dienen. Auch hier schuf das Jenaer Glaswerk Wandel, denn das dort hergestellte Borosilikatkron erfüllte jene Ansprüche. E. ABBE nahm 1892 in der ZEISSischen Werkstätte die Anfertigung von Prismenfernrohren auf und er-

dachte Arbeitsgänge, die eine genaue und doch billige Form-
gebung der Prismen ermöglichten. Daß es aber auf Genauigkeit
sehr ankommt, kann man daraus schließen, daß die Richtungs-
änderung nach der Spiegelung etwa sechsmal so groß ist wie die
nach einer Brechung. Ungenauigkeiten in der Herstellung machen
also unter sonst gleichen Umständen das Bild sechsmal so schlecht.
— Prismenfernrohre wurden nach der Mitte der neunziger Jahre
von einer großen Zahl namentlich deutscher Werkstätten hergestellt, so daß aus diesem Grunde die Aufzählung ihrer Namen
hier unterbleibt. Als Einzelfernrohre werden Geräte dieser Anlage selten angewendet.

**i) Die Doppelfernrohre ohne und mit Achsenversetzung.** Die
gewöhnlichen Doppelfernrohre *ohne* Achsenversetzung. — Auf
S. 66 war bereits darauf hingewiesen worden, daß wegen der
Fernrohrvergrößerung $\mathfrak{V}$ Raumdinge bekannter Form auf $1/\mathfrak{V}$
ihrer Tiefe zusammengepreßt erscheinen sollten. Dasselbe gilt
für die Erdfernrohre vom Orte ihrer Austrittspupille aus, an den
das beobachtende Auge gebracht wird. Durch die Verbindung
zweier Fernrohre mit parallelen Achsen zu einem *Doppelfernrohr*
wird nun diese Zusammenpressung insoweit der Raumvorstellung
aufgezwängt, als sie von der beidäugigen oder Tiefenwahrnehmung abhängt. Diese Abhängigkeit geht aber nicht zu weit,
vielmehr spielt die Erfahrung von den bekannten Formen der
Gegenstände eine um so wichtigere Rolle, als wohl meistens die
durch das Doppelfernrohr vermittelten Gesichtsempfindungen auf
die Gegenstände selbst und nicht auf ihre Bilder übertragen werden.
Im Streit zwischen der Wahrnehmung (ein bekanntes Raumding
von beispielsweise quadratischem Grundriß erscheint durch ein
viermal vergrößerndes Fernrohr nur mit einem Viertel seiner
wirklichen Tiefe) und der Erfahrung (es hat einen quadratischen
Grundriß) verhalten sich im allgemeinen die Beobachter verschieden, die meisten aber gestehen ihrer Erfahrung einen Einfluß auf ihr Urteil zu, fassen also das Raumding nicht so stark
flachgepreßt auf, wie sie es sehen. So stellt sich leicht eine Vergrößerung des Hintergrundes (S. 66) ein. Auf diese, hier unver-
meidliche Tiefenfälschung war hinzuweisen. Im Hinblick auf die
beidäugige Tiefenwahrnehmung allein erscheinen irdische Gegenstände so, als ob neue Raumdinge, deren Höhen- und Breitenausdehnung unverändert wäre, deren Tiefe aber nur den $\mathfrak{V}$-ten
Teil betrüge, aus einem Abstande vom $\mathfrak{V}$-ten Teile des alten
betrachtet würden. Bei dieser $\mathfrak{V}$-fachen Zusammenpressung hat
nunmehr das Tiefenunterscheidungsvermögen des Beobachters
eine $\mathfrak{V}$-mal so große Bedeutung, oder — wiederum mit unmittel-
barer Beziehung auf den Dingraum — durch ein $\mathfrak{V}$-fach vergrö-

ßerndes Doppelfernrohr wird die Grenze der Tiefenwahrnehmung (S. 30) auf den $\mathfrak{B}$-fachen Betrag des freien Sehens erweitert. Wünscht man eine *Erhöhung der Tiefe* (Plastik), wie diese Eigenschaft auch bezeichnet wird, so muß man eben die Zusammenpressung der Raumdinge, ihr *flachgepreßtes* (kulissenartiges) *Aussehen*, in den Kauf nehmen, denn beides ist in gleicher Weise auf die Fernrohrvergrößerung zurückzuführen. — Doppelfernrohre sollten stets erlauben, den Abstand beider Rohre der Entfernung der beiden Augendrehpunkte des Beobachters anzupassen. Als äußerste Grenzen solcher Augenabstände bei Erwachsenen kann man nach S. 30 etwa 50 und 72 mm angeben.

Die ersten Doppelfernrohre holländischer Anlage wurden bereits 1608 von J. LIPPERHEY hergestellt und später namentlich von dem Kapuzinermönch CHÉRUBIN D'ORLÉANS um das Ende des 17. Jahrhunderts angepriesen. Im 18. Jahrhundert verschwanden sie fast aus dem regelmäßigen Gebrauch, so daß sie FR. VOIGTLÄNDER in Wien 1823 neu erfinden konnte. Durch diesen Anstoß und die erfolgreichen Bemühungen, die seit 1825 Pariser Optiker von J. PH. LEMIÈRE an ihnen widmeten, scheinen die holländischen Doppelfernrohre nach 1840 in immer allgemeineren Gebrauch gekommen zu sein. Verhältnismäßig bald danach hat man auch vorgeschlagen, zwei Erdfernrohre zu einem Zwillingsrohr zu paaren, mindestens liegt um 1854 ein solches Patent vor; man hat an dieser Aufgabe etwa 40 Jahre lang ohne entschiedenen Erfolg gearbeitet, bis die Prismenfernrohre diesen Bestrebungen ein Ende machten.

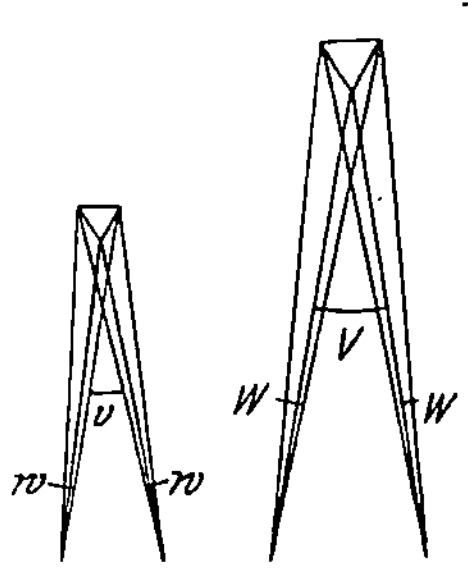

Abb. 58. Die Unveränderlichkeit der Gesichtswinkel $w$, $W$ bei gleichmäßiger Änderung von Abstand und Maßstab; $w, w$ Gesichtswinkel, $v$ Konvergenzwinkel des Kindes, $W$, $W$ Gesichtswinkel, $V$ Konvergenzwinkel des Mannes.

Die Doppelfernrohre *mit* Achsenversetzung. Namentlich Prismenfernrohre werden häufig so zu einem Zwillingsrohr vereinigt, daß die Objektivmitten einen größeren Abstand voneinander haben als die Scheitel der Okularlinsen. Um den Einfluß dieser Trennung auf die Raumwahrnehmung zu erläutern, muß man etwas weiter ausholen.

Man stelle sich (in Abb. 58) ein Kind mit einem Abstande der Augendrehpunkte von 50 mm und einen Mann mit einem solchen von 75 mm vor, und lasse jenes beispielsweise eine gerade dreiseitige Pyramide von 2 cm Seitenlänge aus einer Entfernung von 40 cm, diesen einen ganz ähnlichen Körper von 3 cm Seitenlänge aus einer Entfernung von 60 cm betrachten. Ein Blick auf die Abb. 58 zeigt alsdann, daß die von diesen verschieden großen und verschieden entfernten Körpern bedingten Gesichts-winkel $w$, $W$ genau übereinstimmen, denn man würde sie ja durch eine einfache Ziehung von Parallelen haben erhalten können. Es folgt sofort, daß das Kind (sobald es *allein* nach den *Winkeln* urteilte) die größere Pyramide kleiner und näher auf-fassen würde, wenn man seinen Augen eben die Blickwinkel geben könnte, die sich an den Drehpunkten des Mannes einstellten, und umgekehrt. Eine solche Einrichtung besteht nun wirklich, und zwar wurde sie 1857 als *Telestereoskop* (Fern-Raumbildrohr) von H. HELMHOLTZ (Abb. 59) angegeben. Von einem ganz beliebigen Dingpunkte gelangen zum Beobachter nur die Strahlen, die nach den Spiegelbildern seiner Augen zielen, und diese Spiegelbilder haben einen viel größeren Ab-stand voneinander als seine Augen. Alle Raum-dinge und ihre Abstände vom Beobachter werden also, durch dieses Gerät betrachtet, in dem Ver-hältnis von $c_l c_r$ zu $C_l C_r$ verkleinert aufgefaßt werden müssen, weil ja den beiden Augen die scheinbaren Größen und die Konvergenzwinkel vermittelt werden, die an den weit getrennten Spiegelbildern der beiden Augendrehpunkte ent-

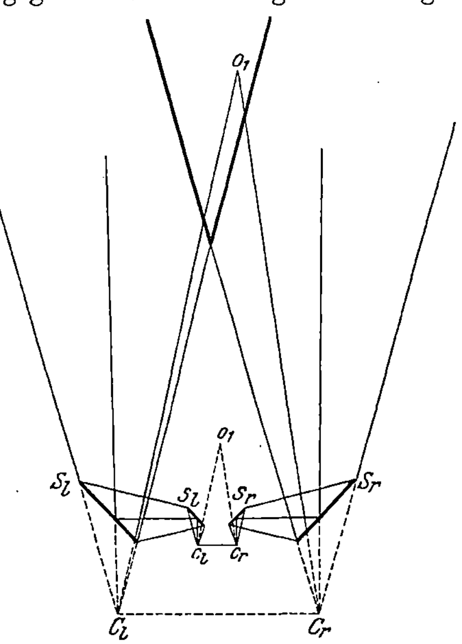



Abb. 59. Der Strahlengang im Telestereoskop von H. HELMHOLTZ.

stehen. Es liegt hier also genau der oben betrachtete Fall, nur in gewaltiger Steigerung der Verhältnisse, vor. Wie diese Wahrnehmungen mit der Erfahrung vereinigt werden, ist wahr-scheinlich für verschiedene Beobachter verschieden und daher hier auch nicht näher zu behandeln. Jedenfalls wird, wenn die Wahrnehmungen unmittelbar auf den Dingraum übertragen werden, die Grenze der Tiefenwahrnehmung nach Maßgabe der Vergrößerung des Augenabstandes weiter hinausrücken. Verbindet man nun, wie das H. HELMHOLTZ 1857 auch schon getan hat, ein *Doppelfernrohr* mit diesem einfachen Telestereoskop, so ist es für die Wirkung gleichgültig, ob man das Doppelfernrohr einfach hinter das Telestereoskop setzt, oder es in der später anzugebenden Weise mit den Spiegeln zusammenbaut, da die Anfangs- und die Endwinkel in beiden Fällen übereinstimmen. Für die Erklärung der Wirkung eines solchen Geräts aber ist die erste Annahme bequemer. Ist $S_1 =$ Dingachsenabstand : Augenabstand, so bringt das Telestereoskop ja den Beobachter scheinbar an die gleichmäßig $S_1$-fach verkleinerten Raumdinge näher heran, so daß er nur noch $1/S_1$ des alten Abstandes von ihnen hat. Diese verkleinerten Raumdinge betrachtet der Beobachter mit einem $\mathfrak{V}_1$-fach vergrößernden Doppelfernrohr, das nach S. 79 die Wirkung hat, ihn scheinbar bis auf $1/\mathfrak{V}_1$ des für die Objektive geltenden Abstandes heranzuführen und gleichzeitig allein die Tiefenerstreckung des Dingraums des Doppelfernrohrs auf $1/\mathfrak{V}_1$ herabzubringen. Geht man auf den eigentlichen Dingraum zurück, so ist der Abstand nur noch $1/S_1 \cdot \mathfrak{V}_1$ des alten, und seine Tiefenerstreckung ist scheinbar auf denselben Teil der ursprünglichen zusammengeschrumpft, während sich die Höhen- und Breitenausdehnung auf $1/S_1$ der ursprünglichen verringert. Bezieht man die Wahrnehmungen wieder auf den Dingraum selbst, so ist bei einem *Fernrohr-Telestereoskop* die Fähigkeit der Tiefenunterscheidung auf das $S_1 \cdot \mathfrak{V}_1$-

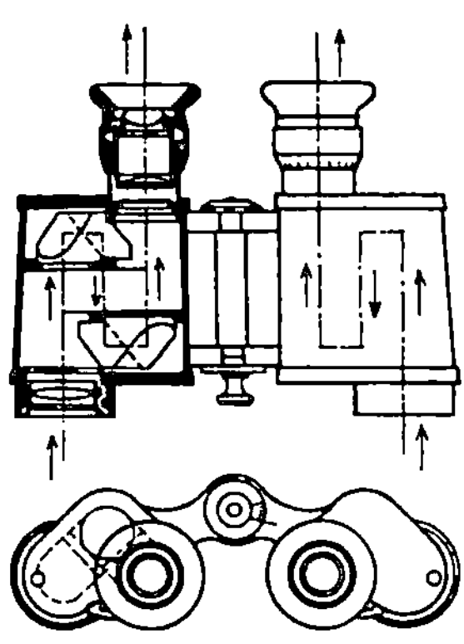

Abb. 60. Ein Prismenfeldstecher mit kleiner Achsenversetzung.

fache gesteigert. Diese Fähigkeit kann man als *gesamte Tiefenwirkung* (nach S. CZAPSKI als totale Plastik) bezeichnen; den von der Achsenversetzung abhängigen Einfluß $S_1$ nennt man *unterscheidende Tiefenwirkung (spezifische Plastik)*. Die flachpressende (Kulissen-) Wirkung der Doppelfernrohre mit Achsenversetzung ist also allein durch die Fernrohrvergrößerung bedingt, da die Achsenversetzung in allen drei Richtungen gleichmäßig verkleinernd wirkt. Vergleicht man zwei Doppelfernrohre derselben Vergrößerung miteinander, deren eines eine größere Achsenversetzung hat, so wird die Flachpressung bei beiden gleich sein, dagegen wird sich die Tiefenunterscheidung bei dem zuletzt genannten Gerät weiter hinaus erstrecken. Beobachter mit einem besonders gut entwickelten Sinn für die Entfernungen werden die Raumdinge näher und kleiner zu erblicken glauben, doch wird dadurch natürlich die Erkennbarkeit von Einzelheiten gar nicht berührt. — Die Formen, in denen die Umkehrprismen hergestellt werden, erlauben nun, die Fernrohr-Telestereoskope bequem zu verwirklichen, wie das auch aus den Bildern ohne weiteres hervorgeht. Bei der ersten Form, dem *Feldstecher*, Abb. 60, ist die unterscheidende Tiefenwirkung nur gering, etwa 1¾fach, bei der zweiten, dem alten *Relieffernrohr* (Raumbildfernrohr, Abb. 61), ist sie größer, etwa 5- bis 7fach.

Die große Steigerung der Tiefenwahrnehmung durch stark vergrößernde Doppelfernrohre beträchtlicher Achsenversetzung nutzte H. DE GROUSILLIERS 1893 zum *Raumbildentfernungsmesser* aus. Es ist das ein Relieffernrohr mit starker Trennung der Objektive (50 cm bei einem Geräte mittlerer Größe), wo in den Okularbrennebenen die Halbbilder (S. 31) einer nach Hundertmetern fortschreitenden Markenreihe angebracht sind. Vereinigt man bei der Benutzung die Halbbilder zu einem Raumbilde, so glaubt man, diese nach Hundertmetern fortschreitende Markenreihe in der Landschaft schweben zu sehen. Man kann dann

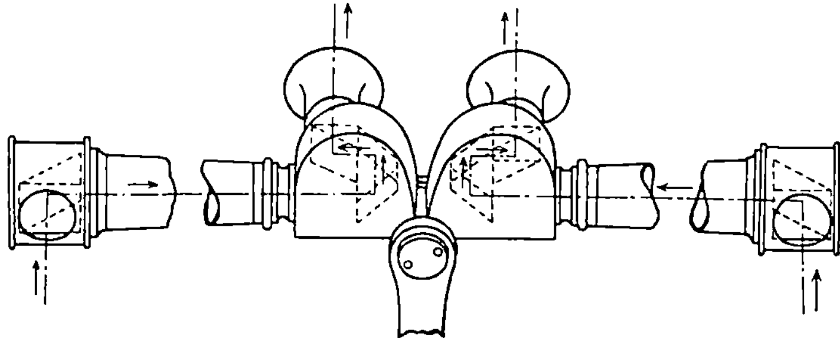

Abb. 61. Ein älteres Relieffrohr mit großer Achsenversetzung.

leicht die Punkte ermitteln, die mit den einzelnen Marken in gleicher Entfernung erscheinen, und hat damit ihre Entfernung festgestellt. Die Abstände zwischenliegender Punkte müssen geschätzt werden. — Von C. PULFRICH † ist von 1902 ab der dem Raumbildentfernungsmesser zugrunde liegende Gedanke zum Bau verfeinerter Meßgeräte (*Stereokomparatoren, Stereoautographen*) benutzt worden, wobei die Zwischenbilder durch photographische Aufnahmen ersetzt sind. Häufig sind die beiden Kammern einander gleichgerichtet, und darum finden diese Geräte hier bei den Doppelfernrohren ihren Platz. Eine weitere Ähnlichkeit besteht darin, daß jene Lichtbilder stets mehr oder minder vergrößert werden, was der Okularwirkung entspricht. Besonders nützlich sind diese Geräte bei der (photogrammetrischen) Vermessung ganz unbekannter oder schwer zugänglicher (gebirgiger) Gebiete und bei der Auswertung bestimmter Himmelsaufnahmen.

**k) Die Fernrohre für Schirm- und Lichtbilder (die Teleobjektive).** Eine Verwendung des Fernrohrs, die der des Bildwurfmikroskops entspricht, findet sich bei der schon im Anfang des 17. Jahrhunderts von Chr. Scheiner geübten Schirmvorführung von *Sonnen*flecken und -verfinsterungen. Es sind das aber wohl die einzigen Fälle, wo die Helligkeit eines Himmelskörpers für eine Schirmdarstellung ausreicht. — Zu photographischen Aufnahmen verwendet man manchmal auch ganze Fernrohre, wenn nämlich verhältnismäßig helle Gegenstände vorliegen. Das Zwischenbild muß alsdann, so hier auf der lichtempfindlichen Schicht wie bei der Schirmbildvorführung, vergrößert abgebildet werden. Die meisten Sternaufnahmen werden aber nicht mit zusammengesetzten Instrumenten, sondern mit einfacheren Linsenfolgen gemacht, sei es, daß man dazu bei kleineren Bildwinkeln Fernrohrobjektive mit plattenrechtem Farbenausgleich (S. 103) wählt, oder daß man bei größerem Felde Aufnahmelinsen einer der üblichen Arten aber langer Brennweite verwendet. Solange es sich um Fixsternaufnahmen handelt, bei denen das Bild sehr klein (punktförmig) ausfällt, spielt der Durchmesser der Aufnahmelinse die entscheidende Rolle (S. 66): je größer er ist, um so kleinere Sterne erscheinen auf der Platte. Handelt es sich aber um die näheren Wandelsterne, die in endlicher Größe abgebildet werden, so verwendet man Aufnahmelinsen mit möglichst großem Öffnungsverhältnis. Hierzu zählen die beiden von J. A. Brashear ausgeführten Petzvalschen Bildnislinsen in Heidelberg, mit denen M. Wolf seine erfolgreichen Aufnahmen der kleinen Planeten angefertigt hat. In neuerer Zeit benutzt man für Sternaufnahmen gern Hohlspiegel, weil dabei die Farbenabweichungen ganz fortfallen. Man denke an den Hookerschen Spiegel von 2,57 m Durchmesser auf dem Wilsonberg (S. 73).

Eine Schirmdarstellung *irdischer* Gegenstände ist leicht zu erreichen: man verwandte dazu seit dem Ausgang des 16. Jahrhunderts die große Form der *dunklen Kammer* (S. 91). Es handelt sich dabei um dunkle Zimmer, in denen durch eine Sammellinse den Beschauern die gegenüberliegende Außenwelt auf einer weißen Wand oder einer Tischfläche abgebildet wurde. Da hier stets längere Brennweiten vorliegen, so ist der folgende Absatz für die *nachträgliche* oder *Nachvergrößerung* und die Perspektive bei der Betrachtung zu beachten. Solche Einrichtungen finden sich auch jetzt noch manchmal an Aussichtspunkten.

Handelt es sich um *Fernaufnahmen* irdischer Gegenstände, wobei man eine Verdeutlichung der dem bloßen Auge unzugänglichen Einzelheiten zu erhalten wünscht, so benutzt man am einfachsten Aufnahmelinsen langer Brennweite $f_1'$. Dann stellen sich nach (5a) auf S. 5 die unter dem Winkel $w$ erscheinenden

Gegenstände dar unter der Bildgröße

$$y_1' = -f_1'\,\mathrm{tg}\,w;$$

betrachtet man $y_1'$ auf dem Lichtbilde aus der Nahpunktsentfernung $f_2'$ (gemessen zwischen Augendreh- und Nahpunkt), so ergibt sich der zugehörige Drehwinkel $w'$ aus

$$\mathrm{tg}\,w' = y_1'/f_2' = -f_1'\,\mathrm{tg}\,w/f_2',$$

und man erkennt leicht, daß es sich um eine Vergrößerungszahl

$$\mathfrak{N} = \mathrm{tg}\,w'/\mathrm{tg}\,w = -f_1'/f_2'$$

handelt, die der unter (16) auf S. 63 angeführten Fernrohrvergrößerung $\mathfrak{V}$ genau entspricht. Betrachtet man also das Lichtbild aus dem zur Erzielung der richtigen Perspektive zu kleinen Drehpunktsabstande $f_2'$, so erhält man eine Vergrößerung, die man nach dem vorhergehenden als *Nachvergrößerung* bezeichnen kann. Der Gesamteindruck des Bildes kann durch das Bewußtsein einer Akkommodationsanstrengung bei der Betrachtung ferner Gegenstände beeinträchtigt werden. Die Änderung der Perspektive entspricht genau der bei einem Fernrohr mit den zusammensetzenden Brennweiten $f_1'$ und $f_2'$. Zu solchen Lichtbildern verwendet man Aufnahmelinsen üblicher Art aber langer Brennweite oder *photographische Teleobjektive.*

Im Hinblick auf diese sei auch ihre Verwendung zu Bildnisaufnahmen besprochen. Man versteht unter einem photographischen Teleobjektiv (einer *Fernlinse*) eine aus einem Sammelglase längerer und einem Zerstreuungsglase kürzerer Brennweite (sehr häufig in veränderlichem Abstande) bestehende Verbindung, wie sie für Lichtbilder zwischen 1851 und 1856 zuerst von dem italienischen Ingenieur I. PORRO verwendet wurde. Bei einer solchen Anlage sind die Hauptpunkte weit dingwärts verschoben, und es wird aus Abb. 62 klar, daß man trotz dem kurzen Auszug $L_2F'$ doch beträchtliche ($H'F'$ entsprechende) Bildgrößen erhält. Vorteilhaft ist ferner, daß eine kleine Änderung des Linsenabstandes $L_1L_2$ eine weitgehende Änderung der Brennweite $H'F'$ nach sich zieht. Man verwendet die Fernlinse bei klarer Luft zu Fernauf

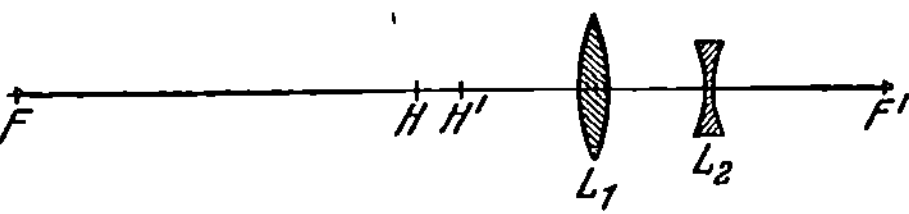

Abb. 62. Ein Übersichtsbild der Lage der Grundpunkte bei einem photographischen Teleobjektiv.

nahmen, ferner mit Vorteil zur Wiedergabe schwer zugänglicher Einzelheiten an Bauwerken und schließlich auch für Bildnisse. Bei der letzten Benutzung liegt der Vorteil sowohl in der durch den verhältnismäßig großen Abstand bedingten Verkleinerung des Gesichtswinkels der Aufnahme als auch in der Möglichkeit, bei gegebenem Standpunkt (also vorgeschriebener Perspektive) den Abbildungsmaßstab in gewissen Grenzen beliebig wählen zu können.

In Sonderfällen hat man auf die Veränderlichkeit des Auszugs verzichtet und dafür die Bildfehler vollkommener gehoben: *Bis-Telar* von E. BUSCH, *Magnar* von C. ZEISS.

# B. Die wiederholenden Instrumente.

Sie lassen sich am zweckmäßigsten scheiden in solche, die dem Auge sofort das Abbild der Schaudinge vorführen, und in solche, die davon erst ein greifbares Zwischenbild auf der lichtempfindlichen Platte entwerfen.

## 1. Die Geräte ohne greifbares Zwischenbild.

**a) Die Sehrohre für Tauchboote.** Diese Vorkehrungen sind erst in der neuesten Zeit für Kriegszwecke und im allgemeinen als nicht oder ganz schwach (1,5fach) vergrößernde Fernrohre ausgebildet worden, und man kann für die Perspektive der durch sie vermittelten Bilder auf S. 34 verweisen; es versteht sich von selbst, daß sie bei schwacher Vergrößerung von der natürlichen kaum abweicht. — Die Sehrohre (Periskope) müssen eine Länge von 6 bis 7 m bei verhältnismäßig geringem Rohrdurchmesser haben. Von dem gleichmäßig dicken Rohr der älteren Vorrichtungen ist man im Laufe des Krieges zu Sehrohren mit verjüngtem Oberteil und Vergrößerungswechsel (bis zu $\mathfrak{B}_1 = 6$) übergegangen, hat gelegentlich auch die Vorkehrung so getroffen, daß sich das Sehrohr während der Beobachtung ein- und ausfahren ließ. Um den ganzen Gesichtskreis zu beherrschen, sind sowohl drehbare Einrichtungen zum *Rundblick* geschaffen worden als auch feste mit *acht*, je 50° umfassenden, *Einblicköffnungen* oder mit einem vollständigen *Ringbilde*. Auch Luftziele können durch das *Kippbild*- oder das *Luftzielsehrohr* beobachtet werden. Genauere Einzelheiten wolle man z. B. bei H. ERFLE[1] nachlesen.

**b) Der Bildwurf mit auffallendem Licht (die Auflicht-Bildwerfer).** Die ersten Geräte dieser Art gehen anscheinend auf den Anfang des 19. Jahrhunderts zurück und wurden als *Megaskope* (etwa Großbildwerfer) bezeichnet, leisteten aber nicht viel. Die Bildwerferlinse soll ausnahmslos auf einem Bildschirme einer beträchtlichen Zuschauerzahl Vergrößerungen vorführen. In der Regel verwendet man dazu ohne weiteres eine Aufnahmelinse,

---

[1] Die Entwicklung des Sehrohres für Tauchboote. Die Naturwissensch. Bd. 7, S. 805—10, 826—32. 1919.

doch kommt es auch vor, daß des veränderten Zweckes halber der *einstellrechte Farbenausgleich* (S. 104) durch den *augenrechten* ersetzt wird. Im allgemeinen wird man indessen auf diesen doch nur geringen Vorteil der größeren Kosten wegen verzichten. Jedenfalls ist darauf zu achten, daß die Hinterseite der Aufnahmelinse dem Gegenstande zugekehrt werden muß, wenn es sich um Vergrößerungen handelt, denn es liegt dann der (nur in umgekehrter Richtung durchlaufene) Strahlengang vor, der bei der Berechnung der Aufnahmelinse angenommen wurde. Die Beziehungen, womit aus der vorgeschriebenen Vergrößerungszahl und der Brennweite der Bildwerferlinse der Abstand der Einstellebene und des Schirms berechnet wird, sind die gleichen wie die auf S. 93 gegebenen, nur muß hier wie auf S. 94 für $M$ ein echter Bruch $1/N$ eingesetzt werden.

Bevor jedoch die Bildwerfereinrichtung auseinandergesetzt werden kann, muß ein Hilfsgerät, der *Scheinwerfer*, erläutert werden.

Der *Scheinwerfer* ist ein Spiegel zur Beleuchtung ferner Gegenstände namentlich für die Zwecke des Krieges. Auf dem fernen Gegenstand bildet man den Krater einer Bogenlampe ab. Die einfachste Form, bei der die Kugelabweichung beseitigt ist, ist die eines *parabolischen* Hohlspiegels — er war als Brennspiegel wohl schon DIOKLES im 1. Jahrhundert v. Chr. bekannt —; doch erblindet ein solcher Spiegel schnell und büßt an Wirksamkeit ein. Schon früh dachte man zum Schutz der Spiegelfläche an die Benutzung eines *hinten versilberten Glasmeniscus*, doch schien hierbei die Kugelabweichung zu stören, und erst 1876 hat der französische Offizier A. MANGIN einen von zwei *Kugelflächen* begrenzten, hinten versilberten Spiegel herstellen lassen, der von Kugelabweichung frei war. Bei einigermaßen großem Öffnungsverhältnis aber nimmt hier die Randdicke sehr schnell zu, was den Spiegel in Gefahr bringt, durch die Hitze gesprengt zu werden. Zehn Jahre danach kamen SCHUCKERT und MUNKER darauf, eine von zwei *Umdrehungsparaboloiden* begrenzte Glasschale als Träger der Versilberung zu verwenden; tatsächlich liefert eine solche Form eine gute Beleuchtung und hat nebenbei den Vorteil einer gleichmäßigen Dicke der Trägerschicht.

Da die auf dem Schirm vorzuführenden Gegenstände durch auffallendes und nach allen Richtungen gestrahltes Licht sichtbar werden, so würde eine Aufnahmelinse ohne weitere Hilfsmittel schon bei einer mäßigen, etwa 15- bis 20fachen Vergrößerung sehr dunkle Bilder ergeben, denn die von dem Dingflächenstück in die Linse gestrahlte Lichtmenge wird einem Bildflächenstück von 225- bis 400fachem Flächeninhalt zugeführt. Das einzige

Mittel, das man gegen diesen Lichtmangel anwenden kann, besteht darin, eine hohe Beleuchtungsstärke auf dem vorzuführenden Gegenstande zu erzeugen, etwa indem man das aus einem Scheinwerfer tretende Lichtbündel (Abb. 63) auf ihn fallen läßt. Strahlt die Lichtquelle nach allen Seiten, so kann der Spiegel nur einen Teil ihrer Strahlung aufnehmen; die Bogenlampe sendet günstigerweise ihr Licht hauptsächlich in einen ziemlich eng begrenzten Winkelraum, so daß es von dem Hohlspiegel fast ganz erfaßt werden kann. Die durch das einigermaßen parallelstrahlige Bündel auf dem vorzuführenden Gegenstande hervorgerufene Beleuchtungsstärke erzeugt eine zerstreute Strahlung, deren Leuchtkraft von der Art der beleuchteten Oberfläche abhängt. Je nach ihrer *Weiße* (Albedo) wird nur ein bestimmter Teil zurückgeworfen, der in günstigen Fällen, beispielsweise bei weißem Papier, 0,4 beträgt, wenn die Leuchtkraft des auffallenden Lichts gleich 1 gesetzt wird. Ein weiterer Lichtverlust tritt dadurch ein, daß die zerstreute Strahlung der Dingfläche nach allen Richtungen geht, während die Eintrittspupille auch einer sehr lichtstarken Bildwerferlinse doch nur einen verhältnismäßig kleinen Teil davon aufnehmen kann. Die so eintretende Lichtmenge wird auf dem Schirme einem Bilde zugeführt, das eben einen 225- bis 400fachen Flächeninhalt hat, und die Beleuchtungsstärke auf dem Schirm muß noch stark genug sein, um eine genügend helle zerstreute Strahlung mit allen ihren Verlusten hervorzurufen. Es versteht sich hiernach, daß man auch bei so geringen Vergrößerungen noch keinen Überfluß an Licht hat, und daher muß man für den Bildwurf mit auffallendem Licht die geeigneten Gegenstände auswählen. Am besten eignen sich dafür Strichzeichnungen, Drucke oder Schriften, weil dabei der Abstich vom Grunde besonders schroff ist. Über die Besonderheiten der Perspektive auf dem Schirm vergrößerter Lichtbilder oder Zeichnungen von Künstlerhand wird auf Seite 118 zu handeln sein.

Solch ein Bildwerfer läßt sich ohne weiteres auch auf *Raumdinge* von mäßiger Tiefe anwenden. Diese müssen aus demselben Grunde wie die oben erwähnten Blätter stark beleuchtet werden und verhalten sich dann genau so wie die Gegenstände der gewöhnlichen Aufnahmekammer. Der einzige Unterschied besteht

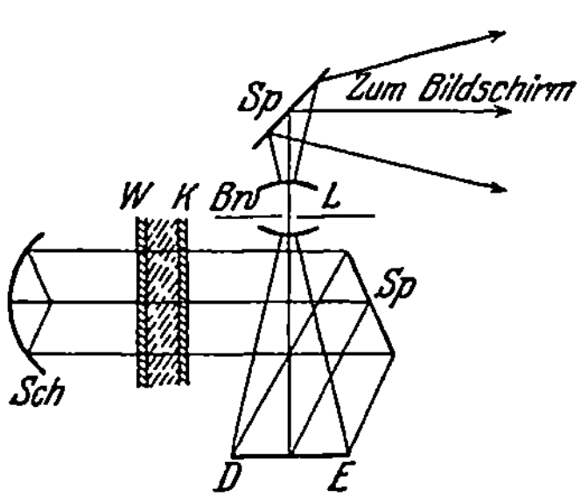


Abb. 63. Der Strahlengang beim Bildwurf mit auffallendem Licht. *Sch* Scheinwerferspiegel, *WK* Wasserkammer; *Sp* Spiegel, *DE* Dingebene, *BwL* Bildwerferlinse, *Sp* Spiegel vor dem Bildschirm.

darin, daß hier das Abbild nicht verkleinert, sondern vergrößert wird. Die Strahlenbegrenzung ist hier also in derselben Weise zu behandeln wie bei der Aufnahmelinse (S. 94/5).

Eine solche Vorführung von Gegenständen mäßiger Tiefe (von Blumenstücken, Maschinenteilen, Gliedmaßen, ja dem Felde bei einem wundärztlichen Eingriff) wirkt überraschend körperhaft. Obwohl man das Schirmbild mit nur einem Auge betrachten sollte, verdeckt die große Entfernung (von mindestens einigen Metern) die Ebenheit des Abbildsbildes auch bei beidäugiger Betrachtung, während die Erfahrung die räumliche Anordnung wenigstens angenähert richtig erschließen läßt. Da nach der Voraussetzung die Tiefenausdehnung der Vorführungsgegenstände beschränkt ist, so fällt ihre Änderung nicht sehr auf, obwohl sie für alle Zuschauer vorhanden sein muß, den ausgenommen, der sich gerade an der richtigen Stelle befindet. Bei 15facher Vergrößerung des Abbildes und einem Abstande von 30 cm zwischen Einstellebene und Eintrittspupille muß sich sein Augendrehpunkt 4,5 m senkrecht vor der Mitte des Bildschirms befinden. Auf die Hilfsmittel für die andern Zuschauer werden wir (S.118) eingehen. An eine merkliche Vergrößerung der Blickwinkel ist in der Regel nicht zu denken, da die Zuschauer in ziemlich großer Entfernung sitzen. Treten sie näher heran, so ergibt sich die auf S. 85 besprochene *Nachvergrößerung*.

c) **Die Höhlen- und Röhrengucker in der Heilkunde.** Hatte schon bei dem Bildwerfer mit auffallendem Licht die Beleuchtung des Vorführungsgegenstandes besondere Überlegung erfordert, so ist diese Aufgabe bei den nunmehr zu besprechenden ärztlichen Geräten von ausnehmender Bedeutung. Erst als elektrische Lampen genügend kleiner Ausdehnung hergestellt wurden, ergab sich die sehr einfache Lösung, den Höhlenguckern eine kleine Lampe beizugeben und also die Lichtquelle zugleich mit dem Sehrohr in die Körperhöhle einzuführen. Dort wird dann eine ausreichende, zerstreute Strahlung hervorgerufen.

Das *Cystoskop* (der Blasengucker[1]) wurde von dem Facharzt M. NITZE in den siebziger und achtziger Jahren des vorigen Jahrhunderts unter Mitwirkung des Berliner Optikers L. BÉNÈCHE entwickelt. Man betrachtet damit durch die Harnröhre hindurch das Innere der mit Borsäurelösung angefüllten Blase. Den Cystoskopen ist eine Spiegeleinrichtung eingebaut, wodurch die das Gerät durchsetzenden Strahlen vor der Eintrittspupille um 90° abgelenkt werden. Bei den vollkommeneren Geräten ist für eine doppelte Spiegelung gesorgt, um die Spiegelverkehrung des Bildes

---

[1] Nach NITZES Patent von 1879 der Blasenleuchter.

aufzuheben. Das — manchmal herausziehbare — Linsenrohr enthält ein Objektiv mit sehr großem Gesichtsfeld (60 bis 90° Luftwert), eine Umkehrlinse für einfache oder deren mehrere für mehrfache Umkehrung und ein Okular mit kleinem Bildwinkel (12 bis 18°). Da also die ding- und die bildseitigen Hauptstrahlneigungen sehr verschieden sind, so sind diese Geräte mit einer eigentümlichen Perspektive (einer ausgesprochenen Weitwinkelperspektive s. S. 96) begabt. Die Vergrößerungszahl hatte bei den älteren Vorkehrungen einen die Einheit kaum übersteigenden Wert, und auch bei den neueren wird vielfach der Wert 2 nicht überschritten.

Mit den erwähnten optischen Mitteln ist es möglich, innerhalb des großen Gesichtswinkels das Blaseninnere durch eine Röhre von 25 bis 30 cm Länge und 4 bis 6 mm lichter Weite hindurch zu betrachten. Man muß Geräte von verschiedener Dicke haben, sowohl weil die Harnröhre nicht bei allen Leidenden gleich weit ist, als auch weil manchmal neben dem Sehrohr noch Werkzeuge (Zangen, Schlingen, Brenner) zu Eingriffen im Blaseninnern vorgesehen werden. Die neueren Verbesserungen (lichtstarke Sehrohre mit Amicischem Dachprisma und doppelter Umkehrung) sind von dem Berliner Blasenforscher O. Ringleb mit Hilfe von C. Zeiss in Jena ausgeprobt worden. Hier überschreitet bei einzelnen Formen $\mathfrak{N}$ schon den Wert 4, und das neue Gerät nähert sich damit seiner Leistung nach den schwachen Mikroskopen mit Stipplinsen, also Einrichtungen, denen seine ganze Anlage verwandt ist.

Das *Laryngoskop* (der Kehlkopfgucker) wurde als ein abgeändertes Cystoskop mit eigener Beleuchtungsvorrichtung zuerst von dem amerikanischen Arzte H. Hays vorgeschlagen, um den früher allein gebräuchlichen, einfachen Kehlkopfspiegel zu ersetzen. Die neueren Verbesserungen dieses Geräts gehen auf den Berliner Hals- und Kehlkopfarzt Th. S. Flatau zurück. Es handelt sich um ein 15 bis 17 cm langes Rohr für Gegenstände in Luft. Die Rohrweite ist ähnlich bemessen wie beim Cystoskop.

Das *Gastroskop* (der Magengucker) beginnt sich allmählich aus dem Cystoskop zu entwickeln, doch ist die endgültige Form noch nicht gefunden worden. Die Schwierigkeiten sind hier besonders darin zu suchen, daß häufig der Schleimbelag der Magenwandung eine Beobachtung hindert und daß der Magen ferner kein allseitig abgeschlossener Hohlraum ist, den man längere Zeit unveränderlich gefüllt erhalten könnte.

Bei den Geräten für Kehlkopf und Magen liegen im Gegensatz zum Blasengucker die Gegenstände in Luft, und daher müssen diese Einrichtungen den schwachen Mikroskopen mit Trockenlinsen angereiht werden.

Von sonstigen Vorkehrungen verwandter Art sei hier nur das *Urethroskop* (der Harnröhrengucker) erwähnt. Hier beschränkt sich der zu betrachtende Teil auf ein Stück einer Röhrenwand und zeigt also keine merkliche Tiefe.

**d) Der Augenspiegel (das Ophthalmoskop).** Größere Schwierigkeit machte die Beleuchtung der Netzhaut des lebenden Auges durch die Pupille hindurch. Hier sei allein die Beobachtung im umgekehrten Bilde (Abb. 64) geschildert, wobei ein unmittelbar vor das Beobachterauge gehaltener, durchlochter Hohlspiegel $S$ ein nach dem Prüflingsauge zu strahlendes Bild $L'$ der neben oder hinter dem Prüf-
ling aufgestellten Lichtquelle $L$ entwirft. Bei richtiger Haltung des Spiegels $S$ bildet die Augenspiegellinse $O$ (meist von 7 cm Brennweite) das Spiegelloch $P$ in die Prüflings-pupille $P'$ und $L'$ in das Augeninnere nach $L''$

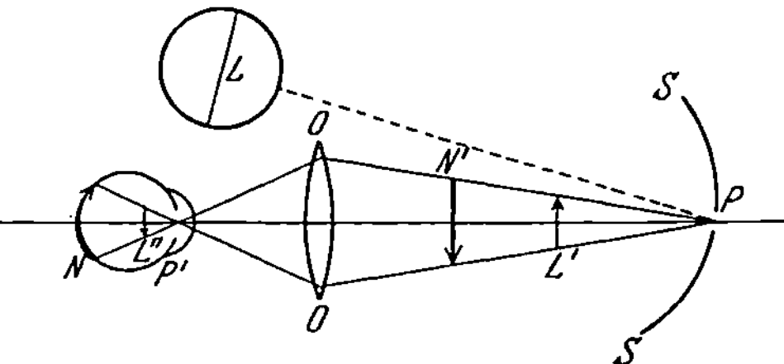

Abb. 64. Ein Übersichtsbild eines einfachen Augenspiegels zur Beobachtung im umgekehrten Bilde.

ab und beleuchtet einen ziemlich großen Teil der Netzhaut $N$. Dieser so beleuchtete Teil wird durch die Flächenfolge des Prüflingsauges und die Augenspiegellinse $O$ bei Rechtsichtigen in $N'$ (bei Kurzsichtigen mehr gegen $O$, bei Übersichtigen mehr gegen $P$ hin) umgekehrt abgebildet und dem Beobachterauge durch das Loch $P$ zugänglich. Dem Augenspiegel als Gegenstand dient also das von der Flächenfolge des Prüflingsauges entworfene Netzhautbild, das bei Kurzsichtigen in der Regel einen positiven Abstand von der Linse $O$ hat.

Die Erfindung des Augenspiegels geht auf H. Helmholtz und das Ende des Jahres 1850 zurück. Sie hat die Wissenschaft der Augenheilkunde überhaupt erst möglich gemacht. Die stärker vergrößernden und verwickelter angelegten Ophthalmoskope können hier nicht besprochen werden.

## 2. Die Geräte zur Gewinnung eines greifbaren Zwischenbildes.

**a) Die dunkle Kammer als Zeichenhilfe.** Der optische Teil dieser jetzt ziemlich außer Gebrauch gekommenen Zeichenhilfe hat etwa die in Abb. 65 dargestellte Form. Zweckmäßigerweise kehrt der Zeichner den darzustellenden Gegenständen den Rücken, weil er so das nachzuzeichnende Abbildsbild auf der Zeichen-

ebene aufrecht und wegen des doppelten Zurückwurfs (sowohl
an *Sp* als auch an *ZE*) ohne Spiegelverkehrung vor sich hat. Die
Lehre von diesem Gerät stimmt mit der sogleich zu behandelnden
Aufnahmekammer überein. In der Geschichte tritt die dunkle
Kammer sogar viel früher auf — G. Portas Einrichtung stammt
aus dem 16. Jahrhundert — und für die Entwicklung der Land-
schaftslinsen war der 1812 veröffentlichte Hinweis W. H. Wol-
lastons sehr wichtig. Auf die umfangreichere Form der dunklen
Kammer als Schauraum zur Darstellung der Außenwelt auf einem
Schirm ist auf S. 84 hingewiesen worden.

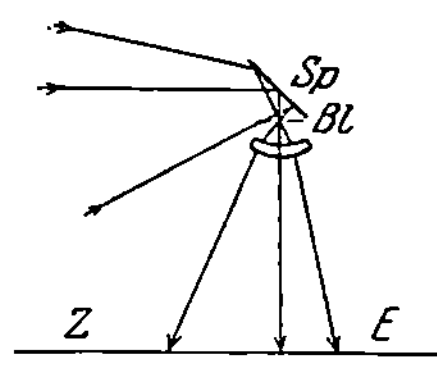

Abb. 65. Ein Übersichtsbild
der dunklen Kammer als
Zeichenhilfe. Die Linse ist ein
Wollastonscher Meniscus.
*Sp* ebener Spiegel, *Bl* Vor-
derblende, *ZE* Zeichenebene.

**b) Die Aufnahmelinsen (photographi-
schen Objektive).** Im Jahre 1839 wurden
von J. L. M. Daguerre in Frankreich und
von H. F. Talbot in England die ersten
Lichtbildverfahren veröffentlicht. Beide
Forscher wollten das in der Zeichenhilfe
der dunklen Kammer entstehende Bild
festhalten, und sie vermochten unabhängig
voneinander die Veränderungen, die das
Licht in Silberverbindungen hervorruft,
sichtbar zu machen und so zu erhalten.
Die Talbotsche Vorschrift gab die Grund-
lagen für die heute so häufig geübten Verfahren ab, bei denen in
der Kammer ein *Schwärzungsbild* (Negativ) erzeugt wird, von dem
man durch ein einfaches Druckverfahren eine Reihe von Abzügen
herstellt. Beide Arbeitsweisen, die Daguerreotypie und das photo-
genische Verfahren H. Talbots, haben das gemein, daß von Raumdingen durch endlich geöffnete Bündel ein Bild auf einer achsensenkrechten, ebenen, lichtempfindlichen Schicht entworfen wird.
Aus den Herleitungen auf S. 10 folgt, daß das nur ein Abbildsbild
sein kann; ein solches muß nach S. 27 im direkten Sehen aus
einer ganz bestimmten Entfernung betrachtet werden, wenn sich
die richtigen Blickwinkel ergeben sollen, damit einer richtigen
Tiefenauffassung nichts im Wege steht.

Meist werden die Bilder von einer brechenden Linsenfolge
entworfen. Die früher wohl auch verwandten Spiegel sind, abgesehen von denen für Sternaufnahmen (72/3), außer Gebrauch
gekommen. Als Namen für die neue Vorrichtung hat man leider
von den älteren, zusammengesetzten Instrumenten den Ausdruck
„*Objektiv*" entlehnt; das bedeutet wörtlich nur „die den Aufnahme-
dingen zugekehrte Linse" und ergibt hier keinen Sinn, weil ein
weiterer, etwa den Bildern zugekehrter Teil gar nicht vorhanden
ist. Der Kasten, der zur Abhaltung alles falschen (nicht oder
nicht unmittelbar aus der Austrittspupille der Aufnahmelinse

stammenden) Lichts dient, heißt *Kammer*. An der Rückseite läßt sich eine mattgeschliffene Scheibe anbringen, damit man sich überzeugen kann, ob die Achse die gewünschte Richtung hat und ob sich der gewünschte Gegenstand ausreichend deutlich auf der Mattscheibe darstellt. Für die Aufnahme ersetzt man die Mattscheibe durch eine die lichtempfindliche Schicht enthaltende *Kassette* (Abb. 66). In früherer Zeit war die lichtempfindliche Schicht ausschließlich auf Glasplatten angebracht (*Trockenplatten*: Kassette schlechthin), jetzt findet man sie auch auf elastischen Streifen (*Häuten* oder *Filmen*: Filmkassette). Eingestellt wird entweder durch

Verschiebung der ganzen Vorder- oder Hinterwand (*Auszug-* oder *Balgen*kammern) oder durch Verschiebung der Aufnahmelinse (alter *Zahntrieb* an Bildnislinsen; neuere *Schneckenführungen* an Handkammern mit fester Rückwand). Ist keine solche Vorrichtung vorhanden, so spricht man von einer (meist billigen) Kam-

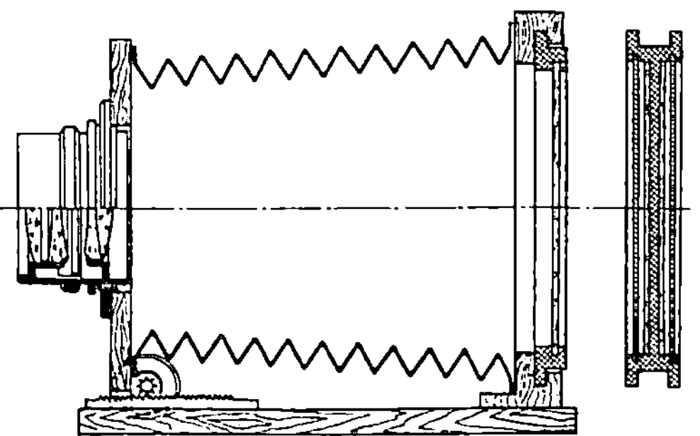

Abb. 66. Ein Längsschnitt durch eine Balgenkammer mit fester Rückwand und durch eine Doppelkassette. Mattscheibe und Trockenplatte sind längsgestrichelt. Die Kassettenschieber sind durch ≊ gekennzeichnet. Eingestellt wird mit einem auf die Vorderwand wirkenden Zahn und Trieb. Die Aufnahmelinse ist ein Tessar (S. 112).

mer mit *fester Einstellung*. Die Größe und Gestalt der lichtempfindlichen Platte bezeichnet man als die *Plattengröße*. Die gebräuchlichen Plattengrößen sind in Zentimetern

| auf dem Festlande | in England und Amerika |
|---|---|
| 6: 9 (6,5: 9) | 6 : 8,2 |
| 9:12 (9 :13) | 8,2:10,8 (Viertelplatte) |
| 13:18 | 10,8:16,5 (Halbe Platte) |

α) Der Abbildungsmaßstab. Die Aufnahmelinsen haben stets gleiche Brennweiten, da sie sich in Luft befinden. Im allgemeinen handelt es sich um eine $M$-fache Verkleinerung, was nach S. 87 anzusetzen ist mit $N = 1/M$. Mithin werden (vgl. auch Abb. 67) die Hauptpunktsgleichungen (2) und (3) von S. 4 zu

$$a = -f'(M + 1); \quad a' = (M + 1)\, f'/M. \tag{19}$$

Bei der Aufnahmelinse wird man die Lage der Hauptpunkte meistens ungefähr kennen (man nimmt häufig als einfache Annäherung an, daß sie mitten zwischen den Außenscheiteln an einem und demselben Punkte zusammenfallen); daher sind die beiden soeben angeführten Beziehungen besonders bequem. Ist also z. B. die Aufgabe gestellt, mit einer Linse von 36 cm Brennweite ein Gemälde auf ⅓ verkleinert wiederzugeben, so ergibt sich als Abstand des Gemäldes vom vorderen Hauptpunkt

$$a = -(3 + 1)\, 36\,\text{cm} = -144\,\text{cm},$$

und als Abstand des Bildes vom hintern Hauptpunkt

$$a' = \frac{3 + 1}{3}\, 36\,\text{cm} = 48\,\text{cm}.$$

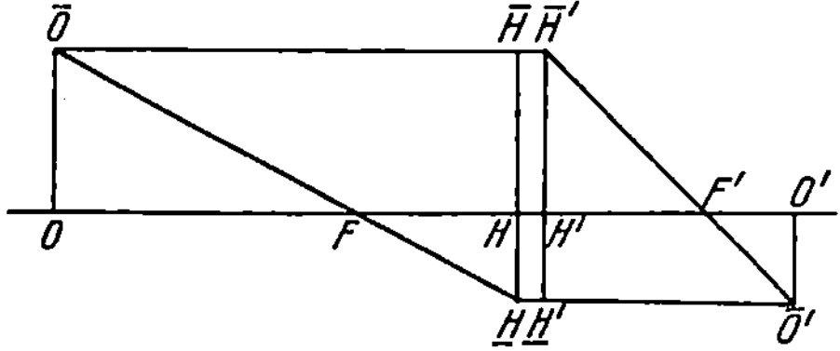

Abb. 67. Zur Bildlage und -größe bei Aufnahmelinsen.

Da sich die Aufnahmelinse ganz in Luft befindet, so ist nach S. 2 $FH = H'F'$; $y = O\bar{O}$; $y' = O'\bar{O}'$.

Diese Längen würden bei einer Verkleinerung auf ¼ zu

$$a = -(4 + 1)\, 36\,\text{cm} = -180\,\text{cm},$$

$$a' = \frac{4 + 1}{4}\, 36\,\text{cm} = 45\,\text{cm}.$$

Dieses Beispiel zeigt, wie wichtig es ist, den Abstand $a'$ zwischen Platte und hinterem Hauptpunkt verändern zu können.

Derart werden ebene Darstellungen in vorgeschriebenem Maßstabe aufgenommen, wie das bei der Wiedergabe von Gemälden, Zeichnungen, seltenen Drucken u. a., sowie bei Sternaufnahmen vorkommt. Bei Vergrößerungen wird $M$ ein echter Bruch $1 : N$, und setzt man ihn in die Formeln ein, so wird $a$ (s. S. 93) der alten für $a'$ ähnlich und umgekehrt. Das muß auch so sein, denn bei einer Vergrößerung haben eben Ding und Bild ihre gewöhnliche Lage vertauscht.

$\beta$) Die Tiefe und die Perspektive. Bei einem Raumding von endlicher Tiefe entsteht aber auf der lichtempfindlichen Schicht eine perspektivische Darstellung, nämlich das meist verkleinerte Abbildsbild.

Liegen dabei Aufnahmelinsen endlicher Öffnung (Abb. 68) vor, so werden natürlich nur die Dingpunkte in der Einstellebene scharf abge-

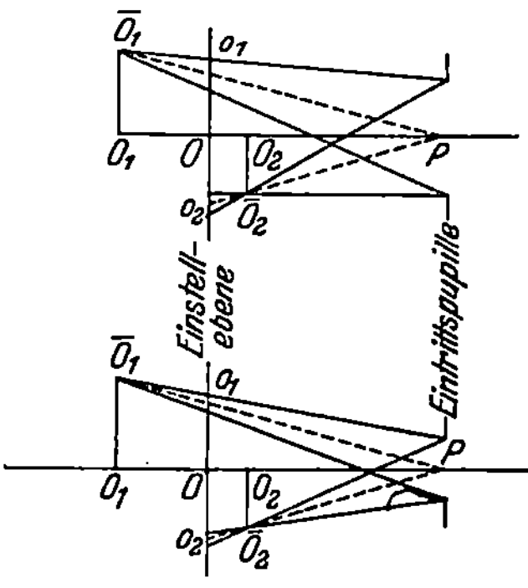


Abb. 68. Zur Abbildungstiefe bei Aufnahmelinsen.

Der obere und der untere Teil der Abbildung stimmen in der Lage der Einstellebene durch $O$, der Mitte der Eintrittspupille $P$ und der Lage der Aufnahmegegenstände genau überein. Verschieden ist nur der Durchmesser der Eintrittspupille (oben doppelt so groß wie unten). Daher sind oben die Zerstreuungskreise in der Einstellebene durch $O$ doppelt so groß wie unten, und das Abbild $o_1 O o_2$ ist oben doppelt so unscharf wie unten.

bildet. Dingpunkte vor oder hinter ihr werden auf jener Ebene durch ihre Zerstreuungskreise $o_1$ und $o_2$ vertreten. Bleibt die Aufnahmelinse an ihrem Orte, so hängt der Durchmesser der Zerstreuungskreise allein ab von Entfernung und Größe der Eintrittspupille und nimmt nur ab, wenn abgeblendet wird. Geht er unter die Grenze hinab, die das Menschenauge mit seiner begrenzten Sehschärfe von $P$ aus in der Einstellebene noch erkennen kann, so mag man das Abbild (und ebenso das richtig betrachtete Abbildsbild) scharf nennen. Ein unabänderliches Maß (etwa 0,1 mm) für den Durchmesser der bildseitigen Zerstreuungskreise ist unmöglich anzugeben, wenn man den richtigen Betrachtungsabstand einhält.

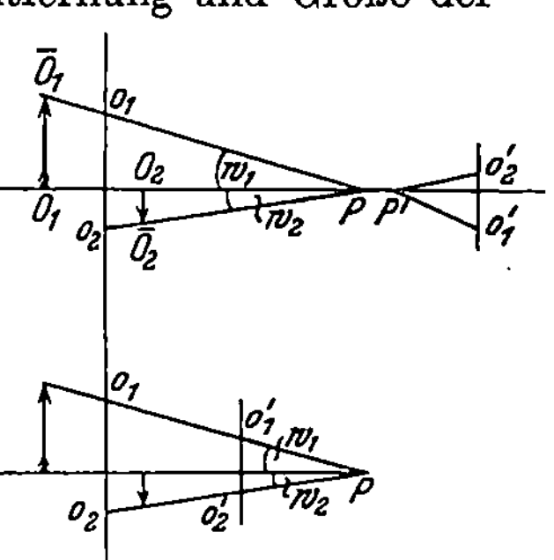

Abb. 69.　Zur Perspektive von Lichtbildern.

Im oberen Teile bedeuten $o_1$ und $o_2$ die $\bar{O}_1$ und $\bar{O}_2$ im *Abbilde* entsprechenden Punkte; $o_1'$ und $o_2'$ sind die zugeordneten Punkte des Abbildsbildes. Wie aus dem unteren Teile hervorgeht, läßt sich das Abbildsbild in eine solche Lage bringen, daß es sich für den mit $P$ zusammenfallend gedachten Augendrehpunkt mit dem *Abbilde* und dem *Raumdinge* selbst genau deckt.

Verlegt man den durch einen Zerstreuungskreis vertretenen Bildpunkt in dessen Mittelpunkt, so handelt es sich bei der Aufnahme immer um eine Zentralprojektion. Nach S. 9 wird sie von den *Hauptstrahlen* (durch die Mitte $P$ der Eintrittspupille) entworfen. Diese Darstellung muß, wie schon auf S. 27 betont wurde, einäugig und so betrachtet werden, daß die im direkten Sehen entstehenden Blickwinkel den Winkeln $w$ gleich sind, die bei der Aufnahme auf der Dingseite (Abb. 69) auftraten. Bei vollkommener Ähnlichkeit des $M$-fach verkleinerten Abbildsbildes geschieht das dann, wenn das Lichtbild dem perspektivischen Zentrum, d. h. dem mit der Mitte der Eintrittspupille zusammenfallenden Augendrehpunkt

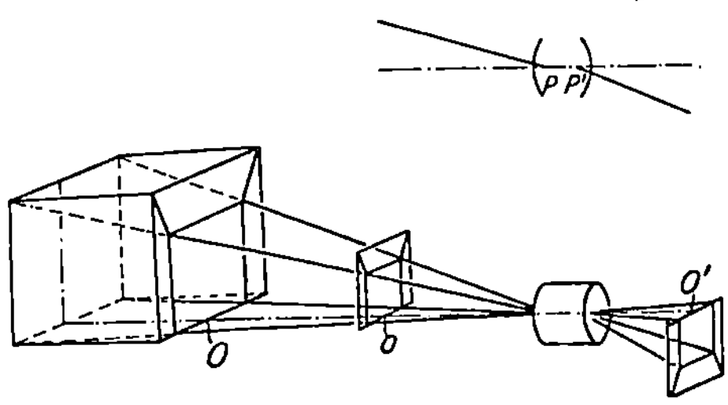

Abb. 70.　Das Abbild und das $M$-fach verkleinerte Abbildsbild bei einer Aufnahmelinse in perspektivischer Darstellung. Im oberen Teil der Zeichnung sind die Pupillenmitten $P$ und $P'$ und ein Paar zugeordneter Hauptstrahlneigungen im Achsenschnitt angedeutet.

entsprechend (nämlich bis auf den $M$-ten Teil der Dingweite) genähert wird. Die Abb. 70 zeigt diese Beziehung auf einer perspektivischen Zeichnung noch deutlicher. In der Einstellebene durch $O$ ist durch das Hauptstrahlenbündel mit der Spitze in $P$ das Abbild entworfen, dem in der Mattscheibenebene durch $O'$ das streng ähnlich vorausgesetzte $M$-fach verkleinerte Abbildsbild entspricht. Es läßt sich also in $o$ (im $M$-ten Teile von $PO$) in das Hauptstrahlenbündel einschalten, und es macht dafür nichts aus, daß die Hauptstrahlneigungen in $P$ und $P'$ deutlich verschieden angenommen wurden. Natürlich sind dann die Längen $Po$ und $P'O'$ verschieden.

Lag indes in dem sehr wichtigen Fall die Einstellebene im Unendlichen, so muß nach Gl. (5a) auf S. 5 der Abstand von dem Orte der Eintrittspupille genau gleich der Brennweite $f'$ sein. Bei Lichtbildern ist sehr häufig, so bei Landschafts- und Gebäudeaufnahmen, $M$ so groß, daß man der Einfachheit wegen die Regel so aussprechen kann, als hätte sich die Einstellebene wirklich in unendlicher Ferne befunden. Meist wird also bei richtiger Betrachtung der Augendrehpunkt um die Brennweite der Aufnahmelinse von dem Lichtbild abstehen müssen. Soll dann eine deutliche Wahrnehmung möglich sein, so muß die Brennweite mindestens dem Abstande des Nahpunkts vom Augendrehpunkte gleichkommen, also für rechtsichtige Augen Erwachsener etwa 26 cm betragen. Dann ist eine deutliche Wahrnehmung unter den richtigen Blickwinkeln möglich, aber die Akkommodationsanstrengung kann die Wirkung beeinträchtigen, ganz abgesehen davon, daß dem übersichtigen und dem stark kurzsichtigen Auge auch nicht geholfen wäre. Für Aufnahmelinsen viel kürzerer Brennweite könnte man die entsprechend vergrößerten Aufnahmen etwa aus dem Abstande des Nahpunkts betrachten, doch ist dieses Mittel umständlich und teuer, so daß man zweckmäßig zu einer der auf S. 112—114 beschriebenen Hilfen greifen muß.

Betrachtet man aber Lichtbilder aus einem unrichtigen (meist zu großen) Abstande, so werden die auf S. 28 geschilderten Grenzfälle der Fälschung des Eindrucks, nämlich eine unnatürliche Vergrößerung des Vordergrundes oder eine übertriebene Tiefenausdehnung, möglich und fallen um so mehr auf, je größer der auf der Platte erfaßte Bildwinkel ist. Sie sind von Photographen aus einer Verkennung der Sachlage heraus mit dem Namen *Weitwinkelperspektive* belegt worden, und dazu sollen noch einige Bemerkungen gemacht werden.

Wenn bei einer bestimmten Plattengröße der halben Plattenlänge $Y'$ ein möglichst großer Bildwinkel $W$ entsprechen soll, so muß man eine möglichst kleine Brennweite wählen, wie das (ohne Rücksicht auf das hier unwichtige Vorzeichen) aus der Gl. (5a) auf S. 5 folgt:

$$\operatorname{tg} W = Y'/f'.$$

Da die Plattengröße nun mit dem Umfange und dem Gewicht der Kammer in engem Zusammenhange steht, und man natürlich bei leichten Kammern keine ungefügen Platten verwenden kann, so folgt für Linsen mit großem Bildwinkel (Weitwinkel) eine kleine Brennweite zwischen 9 und 12 cm; es ergaben sich also Betrachtungsabstände, die merklich kleiner sind als die Entfernung des Nahpunkts vom Augendrehpunkt bei den meisten Augen. Mithin werden verständlicherweise Weitwinkelaufnahmen häufig aus einem zu großen Abstande betrachtet werden und müssen dann die oben gekennzeichneten Fälschungen erkennen lassen. Es darf aber auch nicht verschwiegen werden, daß bei Weitwinkelaufnahmen sehr wohl der ganze Gesichtswinkel ($2\,W$) den übertreffen kann, der durch die Augendrehung umfaßt wird. Alsdann ist überhaupt keine Möglichkeit vorhanden, ein solches Lichtbild in diesem Winkelraum mit ruhig gehaltenem Kopfe zu betrachten, und man muß zu der auf S. 26 beschriebenen Schlüssellochbetrachtung greifen, wenn man in dem ganzen Bereich einen naturgetreuen Eindruck erhalten will (Abb. 71).

Handelt es sich um Aufnahmen mit Linsen sehr langer Brennweite (etwa Teleobjektiven s. S. 85), so können sie aus einem zu kurzen Abstande angeschaut werden, und dann werden nach S. 28 etwa die umgekehrten Folgen eintreten: „Teleobjektive liefern eine flache Perspektive", wie die Aussage mancher Photographen lautet.

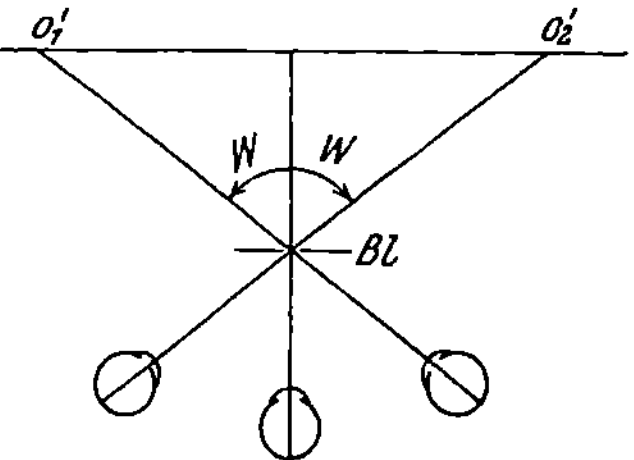

Abb. 71.　Zur Weitwinkelperspektive. Bei besonders weitwinkligen Aufnahmen ist das Abbildsbild $o_1'\,o_2'$ mit bewegtem Kopfe und bewegtem Auge durch die vorgebrachte Blende $Bl$ wie durch ein Schlüsselloch zu betrachten.

Hier kann man natürlich stets durch Vergrößerung des Beobachtungsabstandes den richtigen Eindruck herbeiführen.

Der Projektionsvorgang bei der Aufnahme von Raumdingen ist für die *Bildmeßkunst* (Photogrammetrie) sehr wichtig. In neuerer Zeit hat man durch die Arbeiten namentlich von .G. HAUCK und S. FINSTERWALDER gelernt, mit Hilfe der neueren Geometrie aus zwei von verschiedenen Standpunkten gewonnenen Aufnahmen eines Raumdinges dieses wiederherzustellen. Von großer Bedeutung sind die verschiedenen älteren und neueren Bildmeßverfahren besonders für die Aufnahme von Bauwerken, für die Herstellung genauer Karten von schwer zugänglichen Gebieten u. ä. Man sehe auch auf S. 83.

Auch für den Gebrauch beider Augen kann die Photographie verwendet werden, und sie liefert dann *stereoskopische Aufnahmen*; ja man kann sagen, die Lichtbilder ergeben weitaus die meisten Stereogramme. Hier handelt es sich wegen des geringen Abstandes beider Menschenaugen meist um kleine Plattengrößen und um Linsen von kleiner Brennweite, so daß die Aufnahmen durch besondere Linsen betrachtet werden sollten. Darüber soll bei den Geräten zur Betrachtung greifbarer Zwischenbilder gesprochen werden; jetzt sei nur so viel bemerkt, daß man aus Gründen der Bequemlichkeit für stereoskopische Aufnahmen in der Regel zwei Linsen gleicher Brennweite verwendet und sie meist in einer *Zwillingskammer* so anbringt, daß ihre Achsen auf der gemeinsamen Mattscheibe senkrecht stehen.

$\gamma$) **Die Strahlungsvermittlung.** Von größter Wichtigkeit ist bei photographischen Aufnahmen die im Bildflächenstück erzielte Stärke der Beleuchtung, die von dem Öffnungsverhältnis der Aufnahmelinse abhängt.

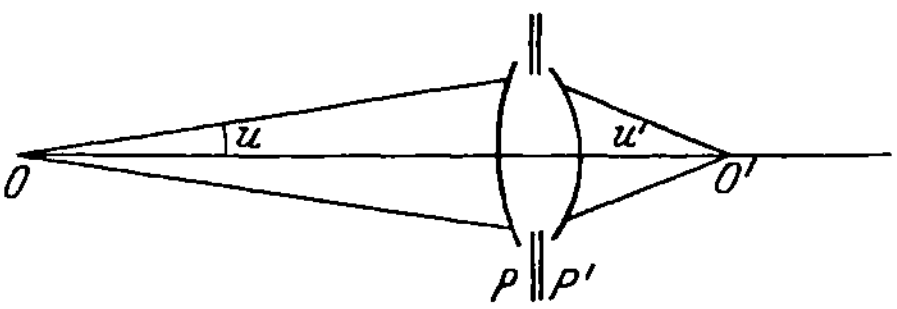

Abb. 72. Zur Strahlungsvermittlung durch Aufnahmelinsen.

*O* Achsenort des Ding-, *O′* des Bildflächenstücks; *u* der durch die Eintrittspupille bestimmte dingseitige, *u′* der durch die Austrittspupille bestimmte bildseitige halbe Öffnungswinkel.

Stellt man sich, wie in Abb. 72, eine ausgerichtete Flächenfolge und ein achsensenkrechtes Dingflächenstück bei *O* vor, so wird die Anzahl der in die Eintrittspupille gesandten Strahlen nach S. 13 durch das Quadrat des Sinus des Winkels *u* gemessen. Das Entsprechende gilt ganz ohne weiteres für die Bildseite, man muß nur die für die Dingseite gültigen Bestimmungsstücke durch die bildseitigen ersetzen. Nimmt man nun an, daß alles von dem Dingflächenstück bei *O* in die Eintrittspupille gestrahlte Licht ohne Schwächung die Austrittspupille verlasse, um bei *O′* wieder vereinigt zu werden, so sieht man, daß die Stärke der Beleuchtung bei *O′* abhängt von der dort erzielten Vergrößerung.

Rückt das Dingflächenstück so weit fort, daß nur gleichlaufende Strahlen eintreten (Abb. 73), so läßt sich die Stärke der Beleuchtung auf der Mattscheibe ausdrücken durch das Quadrat des Bruches

$$\frac{\text{Durchmesser der Eintrittspupille}}{\text{Brennweite}} \quad \text{oder} \quad \frac{d}{f'}.$$

Es gibt also $(d/f')^2$ ein Maß für die Beleuchtungsstärke in dem ebenen Bilde eines weit entfernten Flächenstücks um die Achse.

Dieser Bruch $d/f'$ spielt nun gerade bei der Aufnahmelinse, wo die Gegenstände in der Regel weit abliegen, eine große Rolle; man bezeichnet ihn als *Öffnungsverhältnis* und gibt ihn an durch einen Bruch mit dem Zähler 1, also etwa 1 : 4,5, 1 : 6,3 usw.

Durch dieses Öffnungsverhältnis wird die *verhältnismäßige* (relative) Lichtstärke der Linse gemessen. Handelt es sich jetzt um die *wirkliche* (absolute) Lichtstärke (S. 13), so ist folgendes zu beachten. Trifft Licht auf eine Fläche, an die zwei Mittel von verschiedener Brechzahl grenzen, so geht nur der Hauptteil in das zweite Mittel über, ein kleinerer (für die verschiedenen bei Aufnahmelinsen vorkommenden Einfallswinkel übrigens gleicher) Teil wird nach dem ersten Mittel zurückgespiegelt. Bei der Aufnahmelinse kommen als solche spiegelnden Flächen besonders die *Grenzflächen gegen Luft* (weil dort der Unterschied der Brechzahlen am größten ist) in Betracht, und deren gibt es bei den verschiedenen Bauarten 2, 4, 6 oder 8. Die Spiegelung an Kittflächen kann wegen ihrer Geringfügigkeit hier außer acht gelassen werden. Die durch jene Grenzflächen gegen Luft hervorgerufenen Verluste betragen entsprechend etwa 9, 17, 25 oder 32% von der auffallenden Leuchtkraft. Diese Verluste sind aber nicht einmal der einzige Nachteil der Spiegelung an den Grenzflächen: durch

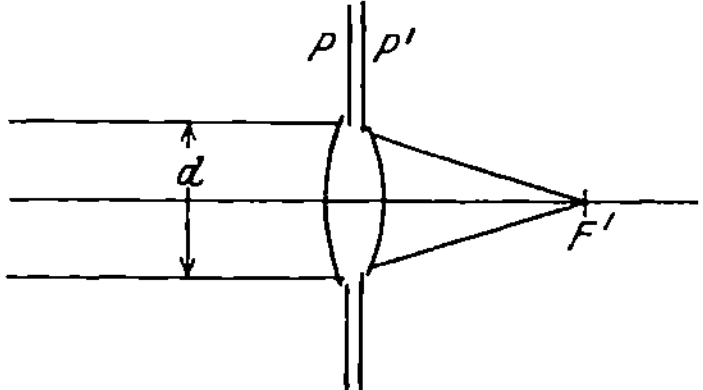

Abb. 73. Zur Strahlungsvermittlung durch Aufnahmelinsen.

Ein fernes Dingflächenstück, aus dessen Achsenort ein paralleles Strahlenbündel vom Durchmesser $d$ ausgeht, hat sein zugehöriges Bildflächenstück in der Nachbarschaft von $F'$.

zweimalige Spiegelung gelangt ein zwar kleiner, aber doch nicht zu vernachlässigender Bruchteil des aufgefallenen Lichts auf die lichtempfindliche Schicht und wirkt in dem wenigst ungünstigen Falle nur ausgleichend auf den Abstich von hell und dunkel (er vermindert die *Klarheit* [Brillanz] der Aufnahme). Häufig aber bilden sich durch diese doppelten Spiegelungen auch mehr oder minder scharf begrenzte Flecke (*Blendenflecke, Nebenbilder*), die zwar manchmal nicht auffallen, unter Umständen aber auch sehr stören können.

Wenn das Licht durch Linsen und Kittschichten tritt, so ist der Verlust bei dem kleinen Maßstabe, in dem die Aufnahmelinsen ausgeführt zu werden pflegen, nicht von großer Bedeutung. Jedenfalls hat dieser *Durchgangs-* oder Dämpfungs- (*Absorptions-*) Verlust nicht die üblen Nebenerscheinungen der Spiegelung: das verschluckte Licht fällt einfach fort.

Die sowohl vom Öffnungsverhältnis als auch von dem Spiegelungs- und Durchgangsverluste abhängige wirkliche Lichtstärke läßt Linsen verschiedener Bauart sehr schwer vergleichen, namentlich, wenn man auch noch die Abschattung durch die Luken berücksichtigt. In der Regel begnügt man sich mit der Angabe des Öffnungsverhältnisses und der Anzahl der Flächen gegen Luft.

Die bei der Aufnahmelinse vorliegenden Verhältnisse zwingen dazu, Dingflächenstücke nicht nur in der Nähe der Achse, sondern auch in endlichem Winkelabstande von ihr anzunehmen (Abb. 74). Von Bedeutung ist dabei namentlich die Beantwortung der Frage: welcher Unterschied von der Beleuchtungsstärke das achsennahen Flächenstücks stellt sich bei einem bestimmten Neigungswinkel $w$ ein? Die Antwort lautet: solange keine Abschattung (s. S. 9) eintritt, ist mit genügender Annäherung

Beleuchtungsstärke für die Neigung $w$ = Beleuchtungsstärke des achsennahen Flächenstücks × 4. Potenz von cos $w$.

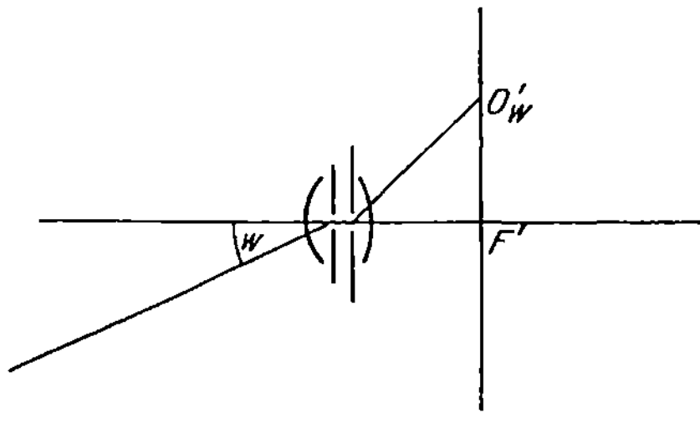

Abb. 74. Zur Strahlungsvermittlung durch schiefe Bündel.

Ein fernes Dingflächenstück, dessen Ort unter $w$ erscheint, wird in der Nachbarschaft des Punktes $O'_w$ in der bildseitigen Brennebene durch $F'$ abgebildet.

Infolge davon nimmt die Beleuchtungsstärke mit der Schiefe der Neigung nach dem Plattenrande außerordentlich rasch ab. Bei etwa 21½° sind nur noch drei Viertel, bei 33° ist nur noch die Hälfte der in der Plattenmitte wirksamen Beleuchtung vorhanden. Man könnte denken, daß man deshalb auf Neigungswinkel sehr bescheidener Größe beschränkt sei, doch liegen die Verhältnisse in Wirklichkeit günstiger: die photographische Platte ist, wie das Menschenauge (S. 15), gegen Ungleichmäßigkeiten der Beleuchtung außerordentlich unempfindlich. Das ist auch der Hauptgrund, warum die großen Lichtverluste bei so vielen Flächen gegen Luft so wenig auffallen; diese 17% Mehrverlust in der Bildmitte eines Achtflächners bedeuten keinen so großen Schaden, da doch der Vierflächner für einen Neigungswinkel von etwa 17½° auch nur noch diese Beleuchtungsstärke besitzt, ohne daß man einen Helligkeitsunterschied gegen die Mitte bemerkt. Natürlich ist diese Schlußweise nur so lange gültig, als es sich nicht um sehr große Neigungswinkel $w$ handelt, diese werden aber bei lichtstarken Linsen, und nur solche haben mehr als vier Flächen gegen Luft, von selbst vermieden. Für ganz große Neigungswinkel müssen besondere Ausgleichsvorrichtungen vorgesehen werden. Vor allem aber muß man darauf achten, daß nicht die Fassungsränder stark abschatten.

Zwischen dem Öffnungsverhältnis und der Belichtungszeit besteht bei den photographischen Verfahren wenigstens angenähert der Zusammenhang, daß

das Quadrat des Öffnungsverhältnisses × Belichtungszeit
ein Maß für die Schwärzung der Platte

abgibt. Nimmt also das Öffnungsverhältnis auf die Hälfte ab, so muß für die gleiche Schwärzung der Platte die Belichtungszeit vervierfacht werden. Die Wahl des Öffnungsverhältnisses wird durch die Möglichkeit der Abblendung bei den Aufnahmelinsen in gewisser Weise in das Belieben des Benutzers gestellt. Dadurch kann man, von dem größten Wert ausgehend, das Öffnungsverhältnis mehr oder minder verkleinern. Dies geschieht entweder durch einen bestimmten Blendensatz oder durch Iris- (Stell-) Blenden. Das ersterwähnte Mittel ist länger im allgemeinen Gebrauche, sei es als Drehscheibenblenden (von der Mikroskopeinrichtung um 1840 übernommen), oder als Schieberblenden

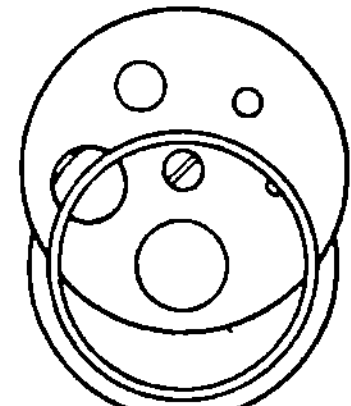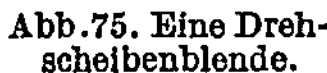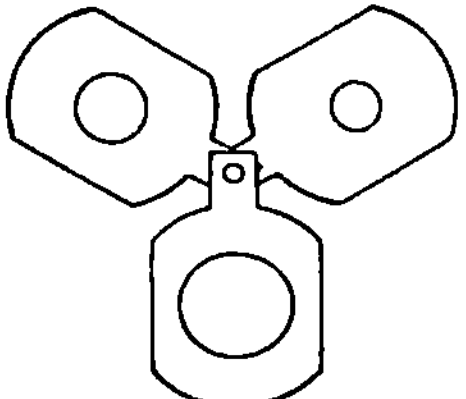

Abb. 75. Eine Drehscheibenblende.     Abb. 76. Ein Satz von Schieberblenden.     Abb. 77. Eine Iris-(Stell-)Blende stark zusammengezogen.

(von J. WATERHOUSE 1858 eingeführt). Die Irisblenden traten, soweit ihr Entwurf in Frage kommt, vielleicht schon um die Mitte des 17. Jahrhunderts, jedenfalls aber 1804 auf, doch hat man sie erst spät, wohl kaum vor 1890, so billig herzustellen gelernt, daß sie in den allgemeinen Gebrauch kommen konnten. Die Öffnungen der Loch- und die Ziffern der Irisblenden werden so gewählt, daß sich die entsprechenden aufeinanderfolgenden Öffnungsdurchmesser verhalten wie 1 : 0,71, damit die Belichtungszeit bei der folgenden Blende gerade verdoppelt werden muß (Abb. 75 bis 77).

Das Abbild des Raumdings wird nach S. 94 weniger unscharf, wenn man, ohne den Ort der Eintrittspupille zu ändern, ihren Durchmesser vermindert. Diese Erkenntnis widerspricht durchaus nicht dem Gebrauch eines großen Öffnungsverhältnisses und dem Wunsche kurzer Belichtung, wenn die Wahl der Aufnahmebrennweite freisteht. Kann sie klein genug sein, so vermag man eine vorgeschriebene Tiefenstrecke auch bei einem großen Öffnungsverhältnis mit vorgeschriebener Abbildungstiefe abzubilden. In der

Kürze der Belichtung haben eben die Linsen kürzerer Brennweite
vor denen längerer einen Vorteil. Ist aber die Aufnahmebrennweite
und der Ort der Eintrittspupille vorgeschrieben, so läßt sich größere Abbildungstiefe nur auf Kosten der Lichtstärke und größere
Helligkeit nur auf Kosten der Abbildungstiefe erreichen.

Der Schwärzungsgrad entspricht einerseits (s. S. 101) dem Produkt aus dem Quadrat des Öffnungsverhältnisses und der Belichtungszeit, anderseits der *chemischen Leuchtkraft* des von dem
betreffenden Dingflächenstücks ausgestrahlten oder zurückgewor-
fenen Lichts. Diese chemische Leuchtkraft ist nun von der auf
unser Auge wirkenden Helligkeit sehr verschieden, und zwar so,
daß für die gewöhnlichen Trockenplatten die kürzerwelligen
blauen und violetten Strahlen stark, die längerwelligen gelben
und roten schwach wirken. Daraus erklärt sich die unrichtige
Wiedergabe von Farbentönen durch die Photographie. H. W.
VOGEL zeigte im Anfange der siebziger Jahre den Weg, Platten
auch für andere Farben, z. B. für gelb und rot, empfindlich zu
machen (sensibilisieren). Solche Platten nennt man *farbenrichtige*
(orthochromatische).

In dem Abbild natürlicher Gegenstände, wo sich die Helligkeit meist allmählich, ohne Sprünge, ändert, erfolgt der Übergang
von den Lichtern zu den Schatten auch allmählich: das Lichtbild
zeigt *Halbtöne*. Anders verhält es sich bei einer Strichzeichnung
oder einem Stiche; da in diesen Fällen die Schatten durch Häu-
fung der Striche, die Lichter durch Vergrößerung der Zwischenräume hervorgebracht sind, so gilt das gleiche auch für die
photographische Wiedergabe solcher Blätter. Durch ein Ätzver-
fahren ist man imstande, die den Strichen entsprechenden weißen
Linien des Negativs erhaben, die schwarzen Zwischenräume ver-
tieft zu erhalten und den so entstandenen Stock, genau wie
einen Holzstock in früherer Zeit, als eine Hochdruckplatte mitten

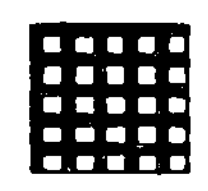

Abb. 78.    Ein
Stückchen eines
stark vergrößer-
ten Kreuzrasters.

im Schriftsatz abzudrucken. Einen solchen Stock
nennt man nach dem dafür in der Regel verwandten Metall eine *Zinkätzung*. Die leichte Anwendbar-
keit derartiger Stöcke reizte schon früh dazu, ein
Verfahren zu ersinnen, auch von gewöhnlichen Lichtbildern mit Halbtönen solche Hochdruckplatten herzustellen, die zum Bilddruck mitten im Schriftsatz
dienen könnten. Das führte zur Erfindung der *Rasterätzung* (Autotypie). Dabei wird nahe vor die lichtempfindliche
Schicht und parallel zur ihr ein sehr gleichförmiges ebenes Gatter
aus zwei Scharen von Parallelen geschoben, die sich unter einem
Rechten schneiden (Abb. 78). Die dieses Gatter tragende Glas-
platte nennt man ein *Kreuzraster* (etwa Kreuzrost). Damit ge-

lingt es, die Halbtöne, die ohne das Raster entstehen würden, in Punktgemenge aufzulösen, deren den Gatterlücken entsprechende Einheiten in den Schatten groß sind und sich fast berühren, während sie in den Lichtern klein sind und daher verhältnismäßig weite Zwischenräume lassen (Abb. 79). Durch Ätzung wird eine solche meistens aus Kupfer bestehende Druckplatte (Rasterätzung oder Autotypie) fertiggestellt. Namentlich in Amerika hat man die Herstellung derartiger Druckplatten sehr gefördert, und die Raster von Max Levy in Philadelphia erfreuen sich eines Weltrufs. Sie werden in verschiedener Feinheit angefertigt, von 47 bis zu 79 Linien auf das Zentimeter, doch kommt für Sonderzwecke die hohe Zahl von 157 Linien vor. Die feineren und feinsten Raster verlangen besonders gutes Papier und gute

Abb. 79. Eine Bildprobe mit einem ganz groben Raster von 34 Linien auf das Zentimeter.

Farbe. Heutzutage ist die Rasterätzung für den Bildschmuck von Zeitschriften ganz unentbehrlich und hat hier den alten Holzschnitt schon sehr zurückgedrängt. Auch bei wissenschaftlichen Werken, namentlich erdkundlichen Inhalts, findet sie sich bereits häufig.

δ) Die Strahlenvereinigung. Wird die Reihenfolge von S. 15 eingehalten, so handelt es sich zunächst um die Hebung der *Farbenfehler*. Hier liegen die Verhältnisse besonders verwickelt. Auf S. 51 und 70 war darauf hingewiesen worden, daß man beim Farbenausgleich für die das Auge unmittelbar unterstützenden Geräte die *Schnittweiten* der roten und blauen Strahlen übereinstimmen läßt (dabei ist unter Schnittweite der Abstand des Bildpunktes von dem letzten Linsenscheitel verstanden); man nennt dies Verfahren die *augenrechte* Farbenvereinigung (*optische* Achromasie). Sie hat zur Folge, daß die hellsten, gelbgrünen Strahlen besonders gut vereinigt werden. Bei der Aufnahmelinse würde nun eine solche Wahl naheliegen, bei der die kurzwelligen, chemisch wirksamsten oder *aktinischen*, Strahlen am besten vereinigt würden. Tatsächlich geht man so vor und wählt die *plattenrechte* Farbenvereinigung (*rein aktinische* Achromasie), wenn, wie etwa bei Sternaufnahmen (S. 65), die lichtempfindliche Schicht von der Linse ein für allemal in derselben Entfernung liegt, die durch Versuchsaufnahmen ermittelt werden kann. Bringt man eine Mattscheibe in diese Entfernung, so erscheint dem Auge allerdings das Bild der Sterne farbig und unscharf, weil die längerwelligen Strahlen Farbenfehler zweiter Ordnung hervorrufen, doch kommt für das Lichtbild darauf nichts an. — Eine ganz andere Bedeutung hat aber das auf das Auge wirkende Mattscheibenbild, wenn mit seiner Hilfe eingestellt werden muß, wie eben bei gewöhnlichen Aufnahmelinsen. Hier tritt die an sich wünschenswerte, vollkommenste Vereinigung der chemischen Strahlen notgedrungen hinter der Forderung zurück, das auf das Auge wirkende gelbgrüne Bild solle mit dem auf die Platte wirkenden indigovioletten zusammenfallen. Diese Art, die Farbenfehler zu behandeln, wird als *einstellrechte* Farbenvereinigung (*uneigentlich aktinische* oder *photographische* Achromasie) bezeichnet. So sind schon seit langer Zeit die Farbenfehler an den Aufnahmelinsen der Lichtbildkammern behandelt worden; ist das nicht der Fall — und das kam in der Anfangszeit der Lichtbildkunst vor, wo diese Verhältnisse noch unbekannt waren oder außer acht gelassen wurden —, so weicht die Entfernung, in die die Kassette nach der Einstellung mit der Mattscheibe gebracht wird, von dem Abstande ab, in dem die chemisch wirksamsten Strahlen ein scharfes Bild entwerfen. Die Aufnahme auf der Platte wird infolge dieses *Einstellfehlers* unscharf, und man hat damals diese Erscheinung ohne klare Einsicht in ihren Grund „*chemischen Fokus*" (etwa Platten-Bildweite im Gegensatz zur Mattscheiben-Bildweite) genannt.

Die Herstellung neuer Glasarten durch E. ABBE und O. SCHOTT würde es erlaubt haben, auch der Aufnahmelinse eine bessere Farbenvereinigung zu verleihen. Eine solche Verfeinerung der Farbenhebung ist indessen für die gewöhnliche Aufnahmelinse darum nicht nötig, weil sie in der Regel nur mit kurzen Brennweiten verwendet wird, und weil überhaupt ihre ganze Benutzung zur Herstellung eines Abbildsbildes mit Hilfe der kürzerwelligen Strahlen die durch eine bessere Farbenvereinigung erzielbare höhere Schärfe nicht hervortreten lassen würde. Ganz anders aber liegen die Verhältnisse für Linsen, die dem Dreifarbendrucke dienen sollen. Hier müssen drei gleichgroße Aufnahmen[1] hergestellt werden, und zwar je mit Hilfe der roten, der grünen und der blauen Strahlen, die durch passende Filter abgesondert werden. Solche Filter können einfache Platten aus Farbglas sein,

---

[1] Seit dem Frühjahr 1907, wo die *Autochromplatten* der Gebrüder LUMIÈRE zu Lyon veröffentlicht wurden, hat man die Möglichkeit, die drei Bilder in den Grundfarben auf derselben Platte gleichsam ineinandergeschoben zu erhalten. Da hier die roten, grünen und blauen Filtereinheiten ziemlich fein sind, so sieht man nur ein einziges Bild in nahezu natürlichen Farben, da die feinen Grundfarbenflecke in der Entfernung miteinander verschwimmen.

die möglichst nur rotes oder grünes oder blaues Licht durchlassen; häufiger aber werden Farbflüssigkeiten verwendet in Trögen (*Vorsatzküvetten*), deren Seitenwände aus guten, ebenen Glasplatten gebildet sind. Als Vorlage wird meistens eine ebene Darstellung, etwa ein Gemälde, dienen. Bei Benutzung einer Linse älterer Art müßte bei hohen Anforderungen an Genauigkeit unter Berücksichtigung der Lage der farbigen Grundpunkte für jede Strahlengattung besonders eingestellt werden, um für jede Grundfarbe die gleiche Verkleinerung der Vorlage zu erhalten. Dagegen würden bei einer Linse mit verfeinerter Farbenhebung auch die Grundpunkte der verschiedenen Strahlengattungen dieselbe Lage haben, so daß man für alle drei Aufnahmen die Einstellung unverändert lassen könnte. Solche besonders für die Zwecke der Nachbildung zu verwendenden Verbindungen nennt man Linsen mit *vermindertem sekundärem Spektrum* oder auch wohl — mit einiger Abweichung von der eigentlichen Bedeutung des Wortes (s. S. 55) — *Apochromat*objektive.

Was nun die Hebung der *Abweichungen wegen der Form* angeht, so ist der Aufnahmelinse zur Herstellung von Nachbildungen eine möglichst gleichmäßige Schärfe über ein verhältnismäßig großes Feld notwendig, und mehr oder minder werden diese Anforderungen auch an die gewöhnliche, zu Aufnahmen von Raumdingen bestimmte Linse gestellt. In der Regel wird dabei angenommen, daß es sich um ein verkleinertes Bild handele. Unter gleichmäßiger Schärfe ist nun nicht eine besonders gute Strahlenvereinigung wie etwa bei einem Mikroskopobjektiv verstanden: diese ist nicht nötig, da die Aufnahmen in der überwiegenden Mehrzahl der Fälle nur mit bloßem Auge betrachtet werden. Ist nun hier für die Mitte des Gesichtsfeldes eine gewisse Freiheit in dem Zustande der Strahlenvereinigung gelassen, so sind die Ansprüche an den Rand des Bildfeldes wieder höher als bei den zusammengesetzten Instrumenten, weil bei diesen sehr große Neigungswinkel $w$ überhaupt nicht vorkommen, während sie bei photographischen Weitwinkeln bis auf $w = 55^0$ und $70^0$ steigen. Daher war bei jenen Vorkehrungen ein bestimmter Fehler gar nicht besonders schädlich, der gleich in den ersten Tagen der Aufnahmelinse bemerkt wurde: der *Astigmatismus*[1] (die Entpunktung) schiefer Bündel. Handelt es sich um die Erscheinungsform dieser Abweichung, so ist in der Abb. 80 eine kleine kreuzförmige Austrittspupille angenommen worden, von der ein (stärker

---

[1] Es ist sehr bedauerlich, daß man diesen Fehler mit diesem nur verneinenden Ausdruck bezeichnet; wie sich sogleich zeigen wird, würde ein Name mit einer bestimmten Aussage, etwa *Schneidenfehler,* wohl vorzuziehen sein.

ausgezogener) geneigter Hauptstrahl auf der rechten Seite des Beschauers die Papierebene in der Richtung nach hinten und oben verläßt. Stamm und Balken des zunächst aufrecht stehend angenommenen Kreuzes bestimmen mit der Richtung des Hauptstrahls zwei ebene, sich senkrecht durchdringende Büschel. Der Astigmatismus schiefer Bündel besteht darin, daß diese beiden Büschel auf ihrem Hauptstrahle nicht einen und denselben Vereinigungspunkt (*Stigma*) haben, sondern zwei verschiedene. Wie aus der Abbildung klar wird, ist die Folge davon die, daß am Vereinigungspunkt $F'_1$ der Stammbüschel eine wagrechte, am Vereinigungspunkt $F'_2$ der Balkenbüschel eine senkrechte Bild- oder Brennlinie

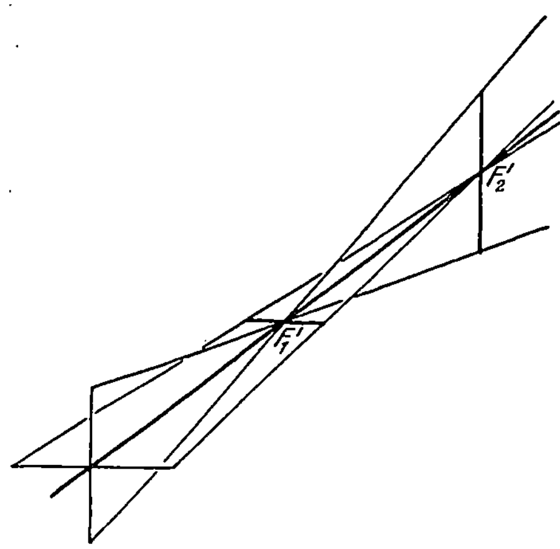

Abb. 80. Die Darstellung der astigmatischen Entstellung eines engen, schief auffallenden Bündels. Das Bild ist der Deutlichkeit wegen stark vereinfacht, und die Winkel der vier Strahlen gegen die Bündelachse sind viel zu groß gezeichnet. Nur die Stamm- und Balkenbüschel bei einer kreuzförmigen Blende sind in der Darstellung wiedergegeben.

(*Schneide*) entsteht. An diesem Astigmatismus ändert sich nichts, wenn man die Austrittspupille statt kreuz- wieder kreisförmig annimmt und dabei den Dingpunkt senkrecht oberhalb der Achse annimmt; nur werden die Brennlinien in $F'_1$ und $F'_2$ etwas verwaschener, worauf aber bei der folgenden Behandlung kein Gewicht gelegt werden soll. Man sieht leicht ein, daß dieselbe Überlegung für Dingpunkte gilt, deren Abstand von der Achse eine beliebige Richtung hat, nur muß man dann in

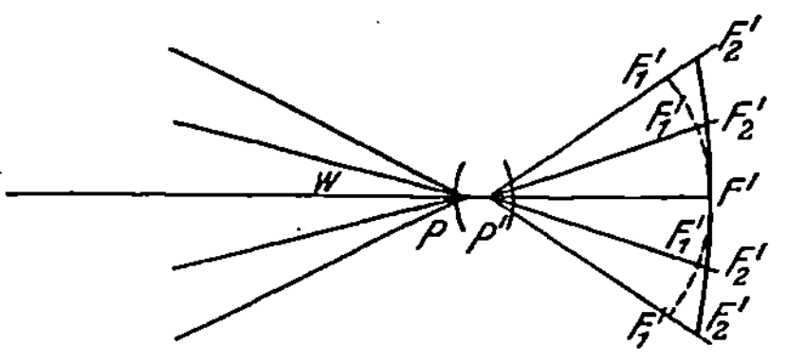

Abb. 81. Die astigmatischen Bildflächen einer gewöhnlichen (nicht verbesserten) Linsenfolge im Achsenschnitt.
Die gestrichelte Linie bedeutet die Spur der Schale der Speichen-, die ausgezogene die Spur der Schale der Felgenbüschel.

einem von den Teilen eines Rades genommenen Bilde den Ausdruck der Stamm- durch *Speichen*büschel und den der Balken- durch *Felgen*büschel ersetzen. Sucht man die Orte der beiden Brennlinien für verschiedene Hauptstrahlneigungen $w$ auf, so erhält man die astigmatischen Bildflächen oder -schalen der Stamm- oder Speichenbüschel und der Balken- oder Felgenbüschel. Beide Schalen berühren einander in dem Hauptbrennpunkte $F''$ (Abb. 81). Die Beschaffenheit der Bilder ausgedehnter Gegenstände hängt nun in folgender Weise von dieser eigentümlichen Natur der schiefen, astigmatischen Bündel ab, und alle eine gewöhnliche Linse schief durchsetzenden Bündel werden astigmatisch: Es sei (Abb. 82) ein kleines Dingkreuz $a$ beispielsweise oberhalb der Achse angenommen; bringt man die Mattscheibe an die Schale der Felgenbüschel, so wird ein jeder Punkt in eine speichenrechte Linie ausgezogen, und man erhält ein Bildkreuz mit scharf erscheinendem Stamm und verwaschenem Balken. Wenn man aber auf die Schale der Speichenbüschel einstellt, so ist die Verteilung der Schärfe umgekehrt, was auch das Bild erkennen läßt. In jedem Falle bekommt das Bild ein unscharfes Aussehen, das man mit vollem Recht zu vermeiden bestrebt war.

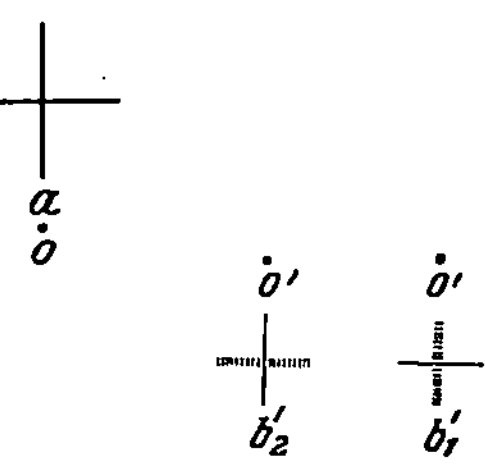

Abb. 82.   Zur Erscheinungsform des Astigmatismus schiefer Bündel.

$a$ das Dingkreuz, $b_2'$ das Bildkreuz, wenn die Mattscheibe an der Schale der Felgenbüschel, $b_1'$ das Bildkreuz, wenn die Mattscheibe an der Schale der Speichenbüschel steht.

Zunächst gelang die Aufhebung des Astigmatismus schiefer Bündel, indem man die beiden verschiedenen Schneidenorte auf dem Hauptstrahl an einem einzigen Punkte zusammenfallen ließ und nunmehr für enge Bündel von einer *wirklichen* Abbildung sprechen konnte. Alsdann sah für einen fernen Gegenstand ein Achsenschnitt durch die Linse und die Bildfläche etwa aus wie die Abb. 83; die Bildschale hatte ihre Hohlung gegen die Linse gekehrt. Man sieht ohne weiteres ein, daß eine nach $F'$, also dem Ort der besten Schärfe in der Mitte, gebrachte Platte eine nach dem Rande zu rasch zunehmende Unschärfe zeigen muß; daher wählte man eine *ausgleichende* Einstellung. — Bei Bildschalen dieser Art spricht man verständlicherweise von *Bildfeldkrümmung* und richtete seit langem seine Bestrebungen dahin, für die Aufnahmelinse das *anastigmatische* (unentpunktete) *Bild* zu *ebnen* oder die *anastigmatische Bildfeldebnung* herbeizuführen (S. 16).

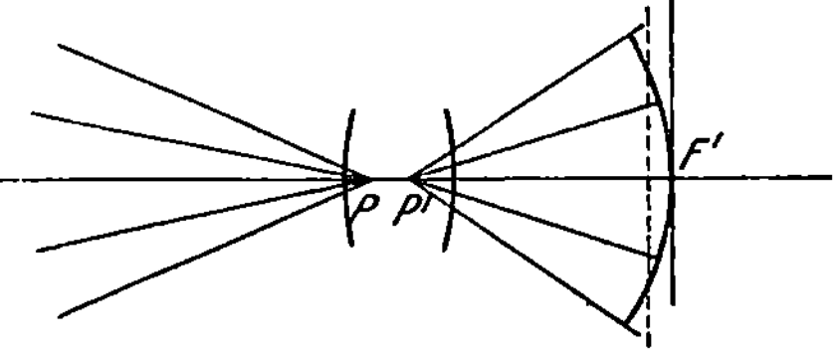

Abb. 83.   Die Bildfeldkrümmung bei Aufhebung des Astigmatismus schiefer Bündel.

Die Spur der Bildschale im Achsenschnitt ist etwas stärker ausgezogen. Die gestrichelte Senkrechte gibt die Spur der Mattscheibe bei ausgleichender Einstellung an.

Besitzen Linsen, deren Kugelgestaltfehler gehoben ist, die

oben beschriebene anastigmatische Bildfeldebnung, so verbreitet sich tatsächlich eine gleichmäßige Schärfe über die Platte, und es bleibt nach S. 16 nur noch ein einziger Fehler zu berücksichtigen, nämlich die *Verzeichnung* (Distortion) (Abb. 84). Diese Abweichung besteht darin, daß der Maßstab der Darstellung von der Mitte nach dem Rande keinen einheitlichen Wert hat, sondern entweder abnimmt oder wächst. Im ersten Falle spricht man von *tonnenförmiger*, im zweiten von *kissenförmiger* Verzeichnung. Beiden Arten von Verzeichnung ist die Krümmung aller nicht durch die Plattenmitte gehender Geraden gemeinsam. Als hauptsächlichstes Mittel gegen die Verzeichnung wenden die Optiker die Symmetrie der ganzen Anlage gegen die Blendenebene an. Wenig unterrichtete Photographen sprechen auch wohl von Verzeichnung bei der scheinbaren Vergrößerung des Vordergrundes auf Lichtbildern, die mit Linsen kurzer Brennweite aufgenommen wurden. Das ist aber, wie aus den Überlegungen auf S. 95/6 hervorgeht, ein Fehler nicht der Aufnahmelinse, sondern des Beschauers.

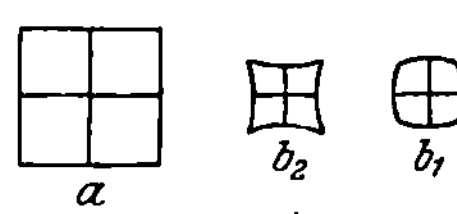

Abb. 84. Zur Verzeichnung von Aufnahmelinsen.

*a* ein Geviert als Vorlage, $b_1$ seine Wiedergabe mit tonnenförmiger, $b_2$ mit kissenförmiger Verzeichnung.

$\varepsilon$) Die gebräuchlichen Linsenformen. Sie sind hier nach abnehmendem Öffnungsverhältnis angeordnet, und es sei bemerkt, daß die Blende für die Linsen der ersten drei Klassen von den Linsen der Folge eingeschlossen wird.

*1. Die Bildnislinsen* (Engwinkel von höchster Lichtstärke). Es sind das Formen sehr großen Öffnungsverhältnisses bis zu 1:2,5 herauf, in der Regel bis zu 1:3. Die Bildfehler der Kugelabweichung gerader und des Astigmatismus schiefer Bündel sind zu heben notwendig, bei größerem Bildwinkel muß auch die anastigmatische Bildfeldebnung erreicht sein. Die Ausführungen mit kleineren Brennweiten dienen für Reihenbilder als Aufnahme- und als Bildwerferlinsen.

*2. Die vielseitigen Linsen* oder Universalobjektive. (Mittelwinkel von großer und mittlerer Lichtstärke.) Solche mit Öffnungsverhältnissen von 1:4,5 stehen den Bildnislinsen nahe und weisen zur Erfüllung der Ansprüche an die Bildgüte ebenfalls häufig sechs oder acht Flächen gegen Luft auf. Die lichtschwächeren Formen von 1:7 ab haben in der Regel nur vier Flächen gegen Luft. Von allen wird ein Bildfeld von mehr als 50° gefordert, und für diesen Winkel soll anastigmatische Bildfeldebnung und Verzeichnungsfreiheit bestehen. Die noch lichtschwächeren, etwa von 1:9 ab, nähern sich schon der dritten Klasse. Eine besondere Gruppe bilden die Satzlinsenpaare, von deren Gliedern, den

Satzlinsen, in der vierten Klasse zu sprechen ist. Die Satzlinsenpaare stellen je zwei oder gar drei Brennweiten zur Verfügung (S. 110) und gehören insofern zu den ganz besonders vielseitigen Linsen.

*3. Die Weitwinkel.* Hier ist weniger Gewicht auf die Mittelschärfe und mehr auf Verzeichnungsfreiheit und anastigmatische Bildfeldebnung zu legen. Die Öffnungsverhältnisse sind klein, von 1:18 abwärts; mehr als vier Flächen gegen Luft kommen kaum vor.

*4. Die Landschafts- und Satzlinsen.* Dies sind die einzigen Formen mit Vorderblende; sie verzeichnen alle tonnenförmig in mäßigem Grade. Die Kugelabweichung gerader Bündel ist für Öffnungen von 1:12 ab erreicht, die anastigmatische Bildfeldebnung möglich. Sie dienen, symmetrisch zur Blende gestellt, zur Bildung der in der 2. Klasse erwähnten Satzlinsenpaare.

ζ) Die Geschichte der Entwicklung. Es sind vier Zeiträume zu unterscheiden: in manchen Abschnitten beschränkten sich die Erfinder auf die Weiterbildung nur einzelner der oben aufgeführten Gruppen.

*1. Der* PETZVAL*sche Zeitraum* (1840—57). Die Photographen bedienten sich in der ersten Zeit vielfach achromatischer Landschaftslinsen mit Vorderblende (hervorgegangen aus dem Meniscus nach W. H. WOLLASTON, S. 92); solche wurden namentlich in Frankreich mit einem Öffnungsverhältnis von etwa 1:14 hergestellt. Die Lichtschwäche dieser Linsen heischte gebieterisch Abhilfe, und, von Liebhabern seiner Bekanntschaft mit der Aufgabe bekanntgemacht, berechnete der Wiener Mathematiker J. PETZVAL 1840 seine berühmte Bildnislinse mit der großen Öffnung von 1:3,4, sowie vollkommener Hebung der Kugelabweichung und des Astigmatismus schiefer Bündel. Seine Ausführung übertrug er der damals in Wien bestehenden optischen Anstalt FR. VOIGTLÄNDERs. Da bei der Linse eine augenrechte Farbenvereinigung herbeigeführt worden war, so zeigte sie einen Einstellfehler (s. S. 104). Sie verbreitete sich außerordentlich rasch, wurde im In- und Auslande vielfach nachgeahmt und wird auch heute noch in Lichtbildnereien häufig verwandt. In England und Frankreich wurde sie auch schon ziemlich früh von dem Einstellfehler befreit. Die Verbindung zwischen J. PETZVAL und FR. VOIGTLÄNDER löste sich bald, und die Versuche des Erstgenannten, um 1857 eine weniger lichtstarke Doppellinse für Landschaftsaufnahmen einzuführen, scheiterten. Dagegen führte er um dieselbe Zeit an seinen Linsen die einstellrechte Farbenvereinigung durch mit dem Erfolg, daß die alten Bildnislinsen mit augenrechter Farbenvereinigung nunmehr auch in Deutschland nicht mehr regelmäßig abgesetzt wurden. Er änderte die Farbenzusammensetzung im wesentlichen durch ein stärker farbenzerstreuendes

Kronglas. Wohl um 1860 hat er sehr bemerkenswerte, leider durch keine gleichzeitige Veröffentlichung belegte Versuche gemacht, das anastigmatische Bildfeld zu ebnen. Sie sind erst 1906 durch L. Erményis Bemühungen bekannt geworden, haben aber auf die Entwicklung keinen Einfluß ausgeübt.

*2. Der Zeitraum der verzeichnungsfreien Weitwinkel in England* (1857—66). Die namentlich in England mit großem Erfolge betriebene Liebhaberphotographie verlangte außer den alten Formen, der Landschafts- und der Bildnislinse, noch eine Linsenfolge von größerem Gesichtsfelde. Da die vielversprechenden Ansätze A. S. Wolcotts um 1843 unbeachtet geblieben waren, so kam man erst zu Beginn der sechziger Jahre zu einer wirklich vielseitigen Anlage mit erweitertem Bildfelde, der auch sphärisch korrigierten Drillingslinse J. H. Dallmeyers, sowie zu zwei eigentlichen Weitwinkeln, der Doppellinse von Th. Ross und der Kugellinse von C. C. Harrison und J. Schnitzer. Bei diesen beiden Formen war der Kugelgestaltfehler im geraden Bündel nicht gehoben. Von großer Bedeutung war es, daß R. H. Bow mustergültig die Bedingungen für die Verzeichnungsfreiheit aufstellte. — Die Arbeiten von Th. Grubb und J. H. Dallmeyer an der Verbesserung der Landschaftslinse sowie von dem Letztgenannten an der Bildnislinse seien auch noch erwähnt.

*3. Der Steinheilsche Zeitraum* (1865—85). Die Arbeit am photographischen Objektiv in Deutschland wurde in München neu aufgenommen, wo der vielseitige Physiker Carl August Steinheil 1855 eine optische Werkstätte (s. S. 74) zunächst für Fernrohre begründet hatte. Sein Sohn Hugo Adolf, der Rechenmeister des Hauses, war nach einem 1865 von dem Münchener Mathematiker Ludwig Seidel ausgearbeiteten Verfahren geübt worden, und er ließ dem *Periskop* von 1865 im Jahre darauf die sehr wichtigen symmetrischen *Aplanate* folgen. Die neuen Formen wurden bald als vielseitig verwendbar anerkannt und zu dem notwendigen Handwerkszeug des Photographen gerechnet. Sie wurden in verschiedenen Öffnungsverhältnissen von der vielseitigen Linse mittlerer Lichtstärke bis zum lichtschwachen Weitwinkel ausgeführt. Aus ihren Hälften stellte man in ziemlich früher Zeit namentlich in Frankreich Sätze zusammen, deren Einzelglieder auch Satzlinsenpaare ergeben konnten. So liefert ein Satz aus den Gliedern $a$, $b$, $c$ die Brennweiten $a$, $b$, $c$ der Einzellinsen und die der Satzlinsenpaare $a + b$, $a + c$, $b + c$.

1881 führte A. Steinheil nach umfangreichen Rechnungen seine *Antiplanete* ein, von denen der lichtstärkere bei Freiheit von Astigmatismus schiefer Bündel eine größere Annäherung an die Bildfeldebnung besaß als die Petzvalsche Bildnislinse.

*4. Der Zeitraum der Anastigmate und des Teleobjektivs* (seit 1886). Die Eröffnung des Jenaer Glaswerks machte sich auf photographischem Gebiete zunächst nicht einschneidend bemerkbar. Die erste erfolgreiche Neuerung erschien 1890/91 und ging auf PAUL RUDOLPH von der ZEISSISCHEN Werkstätte zurück. Er führte in seinen *Anastigmaten* (später Protaren) vielseitige Linsen mit vier Flächen gegen Luft ein, bei denen die Hebung der Kugelabweichung mit anastigmatischer Bildebnung verbunden war; für diese Anlage hatte er hochbrechendes Bariumkron, also eine vollständig neue[1] Glasart, verwenden müssen. Die allgemeine Entwicklung der deutschen Aufnahmelinsen blieb zunächst auf diesem Wege, man stellte vierflächige, häufig symmetrische Formen her, deren verkittete Einzelglieder neue Glasarten, namentlich hochbrechendes Kron, enthielten. Zunächst sind da der 1892/93 von E. VON HÖEGH berechnete *Doppelanastigmat* der GOERZISCHEN Anstalt und das ZEISSISCHE *Doppelamatar* von P. RUDOLPH, sowie die STEINHEILSCHEN *Orthostigmate* und die VOIGTLÄNDERSCHEN *Kollineare* von R. STEINHEIL und D. KÄMPFER zu nennen. 1894 verbesserte P. RUDOLPH die Einzellinse in sehr vollkommener Weise und verwandte sie zur Bildung von Sätzen und Satzlinsenpaaren.

In England hatte seit 1893 HAROLD DENNIS TAYLOR von der zweigliedrigen Anlage abweichend die dreigliedrige ausgebildet und mit seiner COOKE-Linse sehr schöne Erfolge erzielt. Ja, in einer nicht in den Handel gebrachten Form hatte er 1893 eine nur leichtes Kron und schweres Flint (also alte Glaspaare) enthaltende Drillingslinse gleichzeitig sphärisch verbessert und mit anastigmatischer Bildebnung versehen. J. H. DALLMEYERS Werkstätte hatte nicht viel später eine neue Form unter dem Namen *Stigmat* auch für größere Öffnungen entwickelt, doch bedeuteten für dieses Haus die Teleobjektive (S. 85) noch mehr, an denen TH. R. DALLMEYER große Verdienste hat.

Die Unmöglichkeit, mit anastigmatisch geebneten Vierflächnern sehr große Öffnungen zu erzielen, führte zur Vermehrung der Flächen gegen Luft, wo dann die anastigmatische Bildebnung ohne hochbrechendes Kronglas erreicht werden kann. Zuerst erschien 1896 das von P. RUDOLPH berechnete *Planar* der ZEISSISCHEN Werkstätte, und man kann sagen, daß jetzt unter den deutschen Formen die Acht- oder Sechsflächner großer Öffnung und geebneten Bildfeldes eine sehr große Bedeutung gewonnen haben. Zum Teil werden sie aus alten Glaspaaren (leichtem

---

[1] Während Kron alter Art stets eine niedrige Brechzahl hatte, etwa 1,51 bis 1,53, bot das neue die Zahlen von 1,57 bis 1,61 dar.

Kron und schwerem Flint) hergestellt, was zuerst 1902 K. MARTIN durch die Berechnung des BUSCH-*Anastigmats* gelang. — Als eine besonders verbreitete Linsenform sei hier das *Tessar* (S. 93) erwähnt. Für die große Zahl der neuen Linsenformen ist auf die einschlägigen Handbücher zu verweisen.

## 3. Die Geräte zur Betrachtung eines greifbaren Zwischenbildes.

Ihr Hauptzweck ist, perspektivische Darstellungen kleinen Maßstabes unter den Aufnahmewinkeln $w$ und ohne Akkommodationsanstrengung vorzuführen; dabei handelt es sich zunächst um Geräte zur Augenhilfe.

**a) Als Augenhilfe dienende Geräte.** α) Der Guckkasten und der Verant. Bereits auf S. 95 war darauf hingewiesen worden, daß eine perspektivische Zeichnung nur dann dem Beschauer den richtigen Eindruck vermitteln kann, wenn der Drehpunkt des beobachtenden Einzelauges in ihr perspektivisches Zentrum gebracht wird. Bei den im 18. Jahrhundert sehr verbreiteten, in ziemlich kleinem Maßstabe ausgeführten Kupferstichen erlaubte das der bis in das 19. Jahrhundert hinein weit verbreitete *Guckkasten.* Seine optischen Teile bestehen aus einem mit dem ebenen Spiegel fest verbundenen Schauglase, in dessen Brennebene die perspektivische Darstellung gebracht wird. Dieses Gerät steht der oben auf S. 92 besprochenen Zeichenhilfe oder der dunklen Kammer sehr nahe. Um die Darstellungen bequem zu beleuchten und die Bildfehler des Schauglases möglichst zu verdecken, beschränkte man sich meistens auf kleine Gesichtswinkel und wählte schwache Betrachtungslinsen für eine verhältnismäßig kleine Bildgröße (Abb. 85).

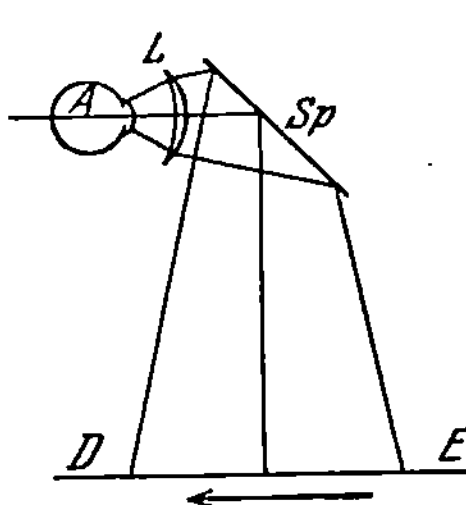

Abb. 85. Ein Achsenschnitt durch den Guckkasten.

*A* Auge, *L* schwaches Brillenglas, *Sp* Planspiegel, *DE* Bilderebene. Die zu betrachtenden Darstellungen sind so auf die Bilderebene zu legen, daß ihre oberen Teile dem Beschauer zugekehrt sind. Infolge der Spiegelung an *Sp* ist im Bilde rechts und links vertauscht.

Diese an sich recht wirksame Einrichtung kam leider im Laufe des 19. Jahrhunderts außer Gebrauch. Schaugläser mit großen Durchmessern von 8 bis 10 cm (wohl auch *Panorama*linsen genannt) benutzte man seit den sechziger Jahren im *Graphoskop* (Bildgucker) — manchmal auch als *Pantoskop* bezeichnet — zur beidäugigen Betrachtung von Lichtbildern. Man kann nicht sagen, daß diese Vorkehrung dem alten Guckkasten mit seiner häufigen Beschränkung auf ein Einzelauge überlegen sei, und ferner war dort doch wenigstens etwas Rücksicht darauf genommen, daß nicht nur die Darstellung, sondern auch das betrachtende Auge zur Achse des Schauglases ausgerichtet war.

Eine Verbesserung dieser Vorkehrungen wurde erst möglich, als A. GULLSTRAND auf die Notwendigkeit hinwies, die Schaugläser als Lupen zur Unterstützung des *blickenden Auges* anzulegen, d. h. für den Augendrehpunkt als Ort der Hauptstrahlenkreuzung die Verzeichnung und den Astigmatismus schiefer Bündel aufzuheben, damit, wie auch das Auge gedreht werden möge, immer ein anastigmatisches (S. 107) Strahlenbündel von der richtigen nicht durch Verzeichnung gefälschten Neigung $w'$ in das Auge eintrete (Abb. 86). Solche zweilinsigen Lupen wurden für ein Blickfeld von 60° in der optischen Werkstätte von C. ZEISS berechnet, sie wurden im Herbst 1903 als Verantlinsen auf den Markt gebracht und dienten als Linsen für ein Schaugerät, das als *Verant* (Richtiggucker) bezeichnet wurde.

Heute kommen dafür nicht mehr die Kupferstiche der alten Zeit, sondern Lichtbilder in Frage. Für diese sollte bei der Betrachtung mit bloßem Auge der Drehpunkt von der Bilderebene um die Aufnahmebrennweite abstehen, wenn ein weit

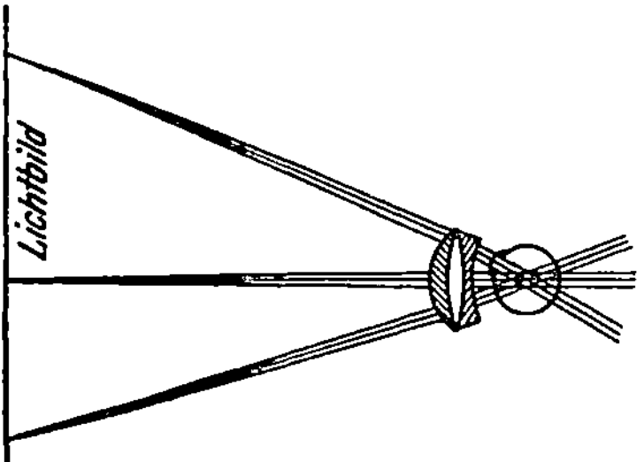


Abb. 86. Ein Übersichtsbild für den Strahlengang vom Lichtbild durch die Verantlinse zum Auge. Das Auge ist etwas gehoben dargestellt.

entferntes Raumbild aufgenommen worden war. Bei den heute üblichen kleinen und mit guten Linsen ausgestatteten Handkammern handelt es sich in der Regel um Brennweiten von etwa 10 cm oder darunter. So beschaffene Aufnahmen können wegen der Akkommodationsschwierigkeiten von rechtsichtigen Beschauern meistens nicht so betrachtet werden, daß sie (S. 97) denselben Eindruck hervorrufen wie die aufgenommenen Raumdinge vom Orte der Aufnahme aus. Benutzt man dagegen als Augenhilfe eine Verantlinse von der Brennweite der Aufnahmelinse, so erhält man ein in weiter Ferne liegendes, der Aufnahme und somit auch dem Abbilde völlig ähnliches Bild, das, soweit die Tiefenvorstellung in Frage kommt, dem Beschauer die gleichen Anhaltspunkte liefert wie das vom Aufnahmeort aus betrachtete Raumding selbst. Bei der Planung des Geräts wurde darauf geachtet, daß das Lichtbild durch den Ausschnitt eines breiten Rahmens wie durch ein Fenster beobachtet wird, wobei der eigenartig geformte Augenschirm nach Belieben das rechte oder linke Auge zu benutzen gestattete, das andere Auge aber immer selbsttätig verdeckte. .

$\beta$) Das BREWSTERsche Stereoskop und der Doppelverant. Die soeben besprochenen Vorkehrungen lassen sich beide für das beidäugige Sehen einrichten. Der Guckkasten wurde durch das um 1851 in den Handel gebrachte BREWSTERsche *Stereoskop* (Raumbildrohr; Tiefenglas) mit großem Erfolge weitergebildet. Eine einfache Linse von 15 bis 18 cm Brennweite wurde dafür in zwei gleiche *Halblinsen* zerschnitten. Jedes der beiden Augen wurde mit einer solchen Halblinse ausgerüstet, dabei wurden die Schnittflächen nach außen (schläfenwärts) gekehrt. Die Halblinsen wurden also in schiefem Strahlengange benutzt, und die Bildmitten erfuhren neben der Vergrößerungs- noch eine *Prismen*wirkung. Das hatte die erwünschte Folge, daß man Halbbilder der Größe 8¼ : 8¼ cm auf demselben Bildträger anbringen und zu einem *Stereogramm* vereinigen konnte. Die Fehler schiefer Bündel waren aber durchaus nicht gehoben, namentlich nicht die Verzeichnung; das störte um so mehr, weil sich bei beidäugigen Instrumenten dann eine falsche Tiefe ergibt.

Das Stereoskop läßt sich durch die von Verzeichnung und Astigmatismus schiefer Bündel befreiten Verantlinsen verbessern. Sie wurden bei der Herstellung des *Doppelveranten* verwandt, und man hat bei diesem Gerät auf die schiefe Benutzung der Schaulinsen ganz verzichtet. Man ist daher wegen der geringen Größe des mittleren Augenabstandes (s. S. 30) auf eine kleine, 5 cm nicht überschreitende, freie Bildbreite beschränkt und erhält trotzdem einen größeren Bildwinkel als bei den alten BREWSTERschen Stereoskopen, wenn man Verantlinsen von 7 cm Brennweite anwendet. Solche Vergrößerungen (von 25 cm : 7 cm = 3½) halten gute Papierabzüge noch aus.

Als weitere Möglichkeit kommt in Betracht:

**b) Der Bildwurf mit durchfallendem Licht (die Durchlicht-Bildwerfer).** $\alpha$) Die Helligkeit. Das dabei benutzte Gerät geht nach den verdienstlichen Forschungen .F. P. LIESEGANGS als *Zauberlaterne (Laterna magica)* auf die Mitte des 17. Jahrhunderts zurück, wo seine ersten Formen dem gelehrten Jesuiten A. KIRCHER bekannt waren; 1662 führte der Däne TH. WALGENSTEIN wesentliche Verbesserungen durch. Schon auf S. 88 war darauf hingewiesen worden, daß sich das an Halbtönen reiche Lichtbild nicht sonderlich zum Bildwurf mit auffallendem Licht eigne. Desto mehr aber paßt es für durchfallendes Licht, wo seine Halbtöne als Abstufungen der Durchlässigkeit auftreten. Dabei wird auch die Helligkeit viel größer. Man muß daher häufig den unmittelbaren Bildwurf der mit auffallendem Licht erhellten Gegenstände durch den mittelbaren von *Glasbildern* (Diapositiven) ersetzen, wie sie Lichtbilder des vorzuführenden Gegenstandes liefern. Der einzige Nachteil liegt vorläufig dabei in der Schwierigkeit, die Farben treu wiederzugeben. Wo aber Helligkeitsunterschiede ausreichen, ist dieses Verfahren um so überlegener, je größer die mit auffallendem Licht vorzuführenden Gegenstände sind. Viele wird auch der gewaltige Preis von Bildwerfern zur Vorführung großer Gegenstände abschrecken.

Der Bildwurf mit durchfallendem Licht ist hauptsächlich darum heller, weil die zerstreute Strahlung bei Beleuchtung des Gegenstandes mit auffallendem Licht vermieden wird. Kann man also die von dem Leuchtgerät aufgenommenen Strahlen alle in die Eintrittspupille der Bildwerferlinse gelangen lassen, so fällt ein großer Verlust weg, und die Glasbilder lassen sich viel stärker vergrößern. Die Umsetzung der Beleuchtungsstärke auf dem Schirm in zerstreute Strahlung ist zwar nicht zu vermeiden, wirkt aber hier auch nicht schädlicher als bei dem so sehr viel lichtschwächeren Bildwurf mit auffallendem Licht.

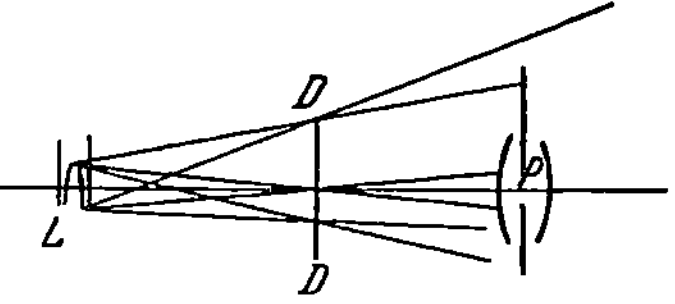

Abb. 87. Ein Übersichtsbild für die unzweckmäßige Beleuchtung des Glasbildes. Nur ein kleiner Teil des Glasbildes $DD$ sendet die von der Lichtquelle $L$ ausgehenden Strahlen in die Eintrittspupille $P$ der Bildwerferlinse. Man beachte die Ähnlichkeit mit Abb. 36 auf S. 55.

Eine ausreichende Durchleuchtung des Glasbildes läßt sich aber nicht dadurch erreichen, daß man einfach eine Lichtquelle (etwa Gasglühlicht) dahinterstellt. Man sieht aus Abb. 87 ohne weiteres, daß die Eintrittspupille der Bildwerferlinse dann das meiste Licht gar nicht aufnimmt. Bei diesen Verhältnissen würde nur ein kleines Gebiet um die Mitte des Glasbildes hell erscheinen. Soll das für das ganze Glasbild gelten, so muß sich das durchfallende Licht von jedem Punkte des Glasbildes aus in einem Kegel ausbreiten, dessen Grundkreis mit dem Ort der Eintrittspupille $P$ der Bildwerferlinse zusammenfällt. Ist dieser Kreis größer als die Eintrittspupille, so schneidet diese alle über sie hinausfallenden Strahlen ab, ist er ihr gleich, so wirkt die Bildwerferlinse genau wie eine Aufnahmelinse derselben Öffnung vor einem allseitig strahlenden ebenen Gegenstande, und ist er kleiner, so wirkt er seinerseits wie eine Abblendung der Bildwerferlinse. In jedem Falle aber wird diese mit demselben Strahlengange benutzt, für den sie berechnet worden ist. Als Lichtquellen kommen in Betracht namentlich DRUMMONDsches Kalklicht, AUERsches Gasglühlicht und elektrisches Bogenlicht.

Die Einrichtung, wodurch durchfallendes Licht die soeben

geforderte Richtung erhält, muß für sich behandelt werden; es ist das

$\beta$) **Das Leuchtgerät oder der Kondensor**[1]. Seine einfachste Form (Abb. 88) ist die einer einfachen Linse, deren Durchmesser den des Glasbildes an Größe noch übertrifft. Bildet man mit dieser Linse die Lichtquelle so ab, daß sie mit der Eintrittspupille der Bildwerferlinse zusammenfällt, so sind die oben gestellten Forderungen erfüllt. Denn bringt man das Glasbild möglichst nahe an die letzte Fläche des Leuchtgeräts, so kann man sich jeden Punkt des Glasbildes als die Spitze eines Strahlenkegels denken, dessen Leuchtkraft durch die dort bestehende Durchlässigkeit bestimmt ist, während der Grundkreis des Kegels in der Ebene der Eintrittspupille liegt, die je nach der Größe des Lichtquellenbildes ausgefüllt ist oder nicht. Der bildseitige Öffnungswinkel $u'$ des Leuchtgeräts ist so groß zu wählen, daß er der dingseitigen Hauptstrahlneigung $w$ der Bildwerferlinse mindestens gleichkommt.

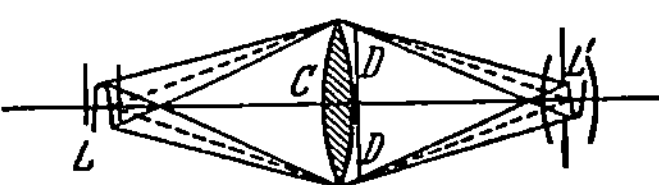

Abb. 88.   Ein Übersichtsbild für den richtigen Strahlengang in einem Leuchtgerät einfachster Art.

*L* Lichtquelle, *L'* ihr vom Leuchtgerät in der Eintrittspupille der Bildwerferlinse entworfenes Bild. *D D* Glasbild.

Wenn man heute für die Leuchtgeräte keine einfachen Linsen mehr wählt, wie in der Kindheit der Bildwerfer, so liegt das hauptsächlich daran, daß man zu sehr starken Linsenkrümmungen und damit zu sehr großer Kugelabweichung kommen würde. In einer weit verbreiteten Anlage sind zwei Plankonvexlinsen verwendet, die einander ihre Krümmungen zukehren (Abb. 89). Noch besser erfüllen ihren Zweck dreiteilige Leuchtgeräte, bei denen ein Zweilinsenteil die Mitte der Lichtquelle in großer Entfernung abbildet, während diese fast parallelen Strahlen schließlich durch eine Plankonvexlinse von passender Stärke mitten in der Eintrittspupille der Bildwerferlinse vereinigt werden (Abb. 90). Der Raum zwischen dem Zwei- und dem Einlinsenteile wird zweckmäßig mit einer *Wasserkammer* besetzt, deren parallele Grenzflächen an dem Strahlengange nichts ändern; aber dabei wird ein großer Teil der Wärmestrahlen verschluckt. Häufig empfiehlt es sich, in dieser Wasserkammer dauernd kaltes Wasser strömen zu lassen.

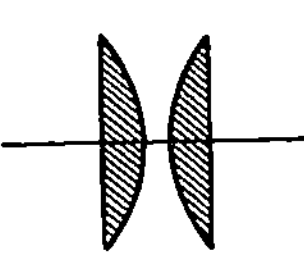

Abb. 89.
Ein Leuchtgerät verbesserter Anlage.

Einige Worte seien noch hinzugefügt, um den roten Rand des Bildfeldes (Abb. 91) zu erklären, denn die aus einfachen Linsen

---

[1] S. die Anm. auf S. 57.

gebildeten Leuchtgeräte zeigen Farben. Verfolgt man einen weißen Strahl mit der größtmöglichen Eintrittsneigung von der Mitte der Lichtquelle durch ein solches Leuchtgerät, so wird er gleich bei der ersten Brechung in ein Farbenbündel zerlegt, von dem hier nur die äußersten roten und blauen Strahlen angedeutet

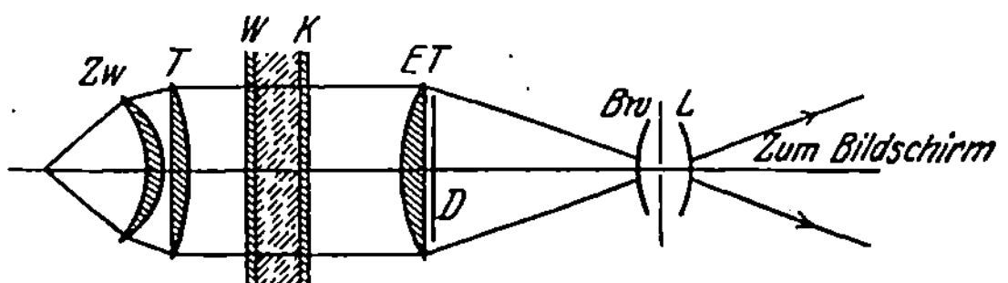


Abb. 90. Der Strahlengang beim Bildwurf mit durchfallendem Licht mittels eines dreiteiligen Leuchtgeräts.
*ZwT* Zweilinsenteil, *WK* Wasserkammer, *ET* Einlinsenteil, *D* Glasbild, *BwL* Bildwerferlinse.

seien. Aus dem Leuchtgerät tritt also ein nach der endlich geöffneten Eintrittspupille der Bildwerferlinse gerichtetes Farbenbündel aus, und zwar ist der rote Strahl mit der größeren Austrittshöhe schwächer, der blaue mit der kleineren stärker gegen die Achse geneigt. Wo man nun auch das Glasbild zwischen dem Leuchtgerät und der Bildwerferlinse anbringt, immer wird ein roter Randsaum auftreten, weil blaues Licht dort fehlt. Näher der Achse ist die Farbe weiß, weil sich dort die zu kleineren Eintrittsneigungen gehörigen Strahlen mischen. Damit nun bei einer Vorführung die Färbung des Randes nicht stört, muß der Linsendurchmesser des Leuchtgeräts größer sein als der Durchmesser des Glasbildes.

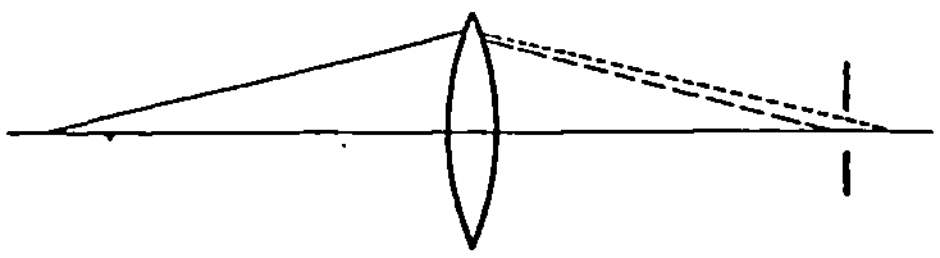

Abb. 91. Ein Übersichtsbild für die Entstehung des roten Randes um das Schirmbild.
——— weißer einfallender, – – – – blauer austretender, - - - - - - roter austretender Grenzstrahl.

Hiermit ist die Strahlenbegrenzung und die Verwirklichung der Abbildung wieder auf das bei der Aufnahmelinse (S. 94) gesagte zurückgeführt.

Eine solche Regelung des Strahlenganges ist auch bei den eigentlichen photographischen Verfahren notwendig, wenn es sich (S. 87) um starke Vergrößerungen handelt. Nimmt man z. B. eine 50 fache an, so ist die Beleuchtungsstärke auf der Bildseite immer noch kleiner als der 2500. Teil der dingseitigen; man muß diese daher durch geeignete Vorrichtungen — eben mit Leuchtgeräten — so steigern, daß die Belichtungszeit nicht gar zu lang wird. Unumgänglich nötig werden solche Leuchtgeräte dann, wenn man starke Vergrößerungen mit Mikroskopen (S. 60) anfertigen will.

γ) **Die Änderung der Perspektive für Zuschauer auf ungünstigen Plätzen.** Beim Bildwurf mit durchfallendem Lichte handelt es sich meistens um Glasbilder von Raumdingen (wie Landschaften, Bauwerken, Innenräumen u. ä.), in denen ziemlich große Tiefen vorkommen. Die Bildwerferlinse entwirft nun von dem Abbildsbilde des Gegenstandes, dem gerade vorliegenden Glasbilde, eine stark — 30- bis 60 fach — vergrößerte Darstellung mit ungeänderter Perspektive. Würde das Glasbild mit einer Linse von 12 cm Brennweite aufgenommen, so ist (nach S. 96) der richtige Betrachtungsabstand 12 cm, der hier also auf $30 \times 12$ cm bis $60 \times 12$ cm, d. h. 3,6 m bis 7,2 m gebracht wird. Ihn kann bestenfalls ein einziger Zuschauer einnehmen; von Seitenabweichungen abgesehen, müssen die andern Zuschauer zu fern oder zu nah sitzen; sie können sich vor den Folgen der Betrachtung einer Perspektive unter falschen Winkeln durch schwach vergrößernde (oder schwach verkleinernde, d. h. umgekehrt benutzte) Fernrohre schützen.

δ) **Die Schirmvorführung von Reihenbildern**[1]. Die in der heutigen Zeit so beliebten *Reihen*- oder kinematographischen Aufnahmen werden mit dem Kinematographen vorgeführt. Die Linsenausrüstung dieses Geräts besteht aus Leuchtgerät und Bildwerferlinse. Das Getriebe läßt die einzelnen Bilder nur in dem Augenblick von Strahlen durchsetzen, wo sie an dem richtigen Orte stehen; sie werden also stets an dieselbe Stelle des Auffangschirms geworfen. Während der Wechselung herrscht Dunkelheit. Daß ein solcher, häufig wiederholter Wechsel zwischen hell und dunkel nicht als starkes Flimmern empfunden wird, liegt an der Eigenart des Menschenauges, einen Lichteindruck länger festzuhalten, als er dauert. Wie eine von der Hand geschwungene Kohle im Dunklen einen ganzen feurigen Kreis zu bilden scheint, so hält das Auge das erste Reihenbild noch während der Wechselpause fest und gibt es erst beim Erscheinen des zweiten auf. Man glaubt, tatsächlich zu sehen, wie das Straßenleben vor sich geht und wie sich Vorgänge aller Art abspielen.

ε) **Die verschiedenen Bildwurfverfahren für körperhaft wirkende Bilder (die stereoskopische Projektion).** Obwohl bei Schirmbildvorführungen die Tiefendeutung in der Regel sehr wirksam ist, hat man doch schon früh versucht, auch noch die Tiefenwahrnehmung eine Rolle spielen zu lassen. Das geschieht nach S. 31 dadurch, daß man jedem Auge ein verschiedenes Bild darbietet. Man hat dazu im Laufe der Zeit sehr

---

[1] Näheres hierzu bei H. Lehmann - W. Merté: Die Kinematographie, ihre Grundlagen und ihre Anwendungen, 2. Aufl. ANuG Nr. 358.

verschiedene Mittel verwendet, die, nach bestimmten Gesichtspunkten geordnet, hier ganz kurz besprochen sein mögen.

Man hat die beiden Bilder zusammen nebeneinander auf den Schirm geworfen und sie dann durch zwei je vor ein Auge gebrachte geeignete Prismen- oder Spiegelverbindungen verschmolzen, so daß sich ein räumlicher Eindruck ergab. (Die Verfahren der räumlichen Trennung von D. BREWSTER und H. W. DOVE.)

Man hat die beiden Bilder einige Zeit hindurch in raschem Wechsel auf etwa dieselbe Stelle des Schirms geworfen und durch eine gleichzeitig wirkende Blendung vor dem Beobachter das rechte Halbbild immer nur seinem rechten, das linke nur seinem linken Auge sichtbar werden lassen. Die Verschmelzung zum Raumbilde ist möglich, weil das Auge den Lichteindruck noch bewahrt, wenn auch das Bild schon geschwunden ist. (Das Verfahren der zeitlichen Trennung von J. CH. D'ALMEIDA.)

Man hat die beiden Bilder in verschiedenen Farben (z. B. rot und grün) übereinander entworfen und erhält bei der Betrachtung durch Brillen mit je einem roten und einem grünen Glase den körperlichen Eindruck. Beide Möglichkeiten sind verwirklicht worden, daß die Brillengläser, die entgegengesetzte Farbe haben (das Verfahren von W. ROLLMANN) und die gleiche (das Verfahren von J. CH. D'ALMEIDA) wie die entsprechenden Halbbilder. Die erste Möglichkeit ist nach dem Vorgange von L. DUCOS DU HAURON auch in den von dem Deutschen Verlage herausgegebenen plastischen Weltbildern für die Buchausstattung mit körperhaft wirkenden Bildern verwendet worden.

Schließlich sondert man auch die beiden Halbbilder nach J. ANDERTON noch durch die Verschiedenheit des *Polarisationszustandes*[1].

Die Schirmdarstellung körperhaft wirkender Bilder wird nur selten verwirklicht. Daher seien auch die Tiefenänderungen nicht weiter besprochen, die hier auftreten müssen, wenn ein Beschauer seinen Platz ändert, oder wenn gleichzeitig mehrere Beschauer anwesend sind.

---

[1] Die Bedeutung des hier nicht auseinanderzusetzenden Begriffs entnehme man dem BERLINERschen Lehrbuch von 1928, S. 579 ff.

# Namen- und Sachweiser.

Bei den Namen Verstorbener wurden, soweit möglich, Angaben zur Lebens- oder Schaffenszeit mitgeteilt. — Die Zahlen geben die Seiten an.